U0653072

高职高专计算机类专业系列教材

网页设计与制作项目教程

主　编　廖　丽　杨　艳　廖　锋

副主编　王礼琴　肖　鹏　钟方强

主　审　朱接文

西安电子科技大学出版社

内 容 简 介

本书从高职学生的实际出发,以"学习党的二十大精神专题网"作为项目载体,通过大量的案例,对网页的 HTML 结构和 CSS 样式进行了深入讲解。本书根据 Web 前端开发人员的职业技能需求和岗位工作过程,介绍了网站的完整制作流程,结构安排上更加符合读者的认知习惯。

全书包括网页制作入门、网页的基本结构实现(制作"学习党的二十大精神专题网"子页)、网页的表现标准(设计"学习党的二十大精神专题网"子页)、网页综合应用(设计与制作"学习党的二十大精神专题网"首页) 4 个项目,以 12 个具体任务为载体来组织内容,将职业行动领域的工作过程融合在项目训练中。

本书作为教材,可以服务于计算机应用技术、计算机网络技术、软件技术、大数据技术与应用、计算机多媒体技术等专业,也可作为网站前端开发技术人员的学习用书,还可作为 1 + X Web 前端开发等级考试的参考用书。

图书在版编目(CIP)数据

网页设计与制作项目教程 / 廖丽,杨艳,廖锋主编. --西安:西安电子科技大学出版社,2024.1
ISBN 978-7-5606-7176-5

Ⅰ. ①网…　Ⅱ. ①廖…　②杨…　③廖…　Ⅲ. ①网页制作工具—高等职业教育—教材
Ⅳ. ①TP393.092.2

中国国家版本馆 CIP 数据核字(2024)第 008782 号

策　　划　李鹏飞
责任编辑　李鹏飞
出版发行　西安电子科技大学出版社(西安市太白南路 2 号)
电　　话　(029)88202421　88201467　　　邮　编　710071
网　　址　www.xduph.com　　　　　电子邮箱　xdupfxb001@163.com
经　　销　新华书店
印刷单位　咸阳华盛印务有限责任公司
版　　次　2024 年 1 月第 1 版　2024 年 1 月第 1 次印刷
开　　本　787 毫米×1092 毫米　1/16　印张 15
字　　数　353 千字
定　　价　42.00 元
ISBN 978-7-5606-7176-5 / TP
XDUP　7478001-1

如有印装问题可调换

前　言

世界上第一个网站在 20 世纪 90 年代初诞生，早期的网页大多数由文本构成，少数增加了一些小图片和毫无布局可言的标题段落。随着时代的进步，网页中逐渐出现了表格、Flash 动画和基于 CSS 的网页设计，开发技术也从最原始的表格布局逐渐发展到传统的 Div＋CSS 布局，再到目前的 HTML5＋CSS3、vue 框架。

HTML 与 CSS 是网页制作技术的核心和基础，也是每个网页制作者必须掌握的基础知识，两者在网页设计中不可缺少。本书详细介绍了使用 HTML 与 CSS 进行静态网页设计与制作的方法与技巧。

本书包括四个项目，具体内容如下表。

项目 1　网页制作入门	任务 1　制作第一个 HTML 网页 任务 2　美化第一个 HTML 网页
项目 2　网页的基本结构实现(制作"学习党的二十大精神专题网"子页)	任务 3　制作"学习资料"子页 任务 4　制作"学习动态"子页 任务 5　制作"在线留言"子页
项目 3　网页的表现标准(设计"学习党的二十大精神专题网"子页)	任务 6　设计"学习资料"子页 任务 7　设计"学习动态"子页 任务 8　设计"在线留言"子页
项目 4　网页综合应用(设计与制作"学习党的二十大精神专题网"首页)	任务 9　首页页头板块的设计与制作 任务 10　首页导航栏板块的设计与制作 任务 11　首页 banner 板块的设计与制作 任务 12　首页其他板块的设计与制作

项目 1 主要介绍网页与网站的相关概念及分类，开发工具的基本使用方法，

HTML5 基础，CSS 的用法和 Web 标准。

项目 2 主要介绍 HTML 的基本结构和常用的 HTML 元素。

项目 3 主要介绍 CSS 基础与语法，文字、图片、表单相关的 CSS 样式设置。

项目 4 主要介绍盒模型，元素的浮动和定位，弹性布局以及利用 CSS 实现动态效果。

本书有以下特色。

(1) 本书基于"工作过程、项目导向、任务驱动"的思路编写，通过项目介绍重要的知识技能，在相关任务的完成过程中突出实际操作，将知识学习与技能训练融为一体，侧重于网页制作基本技能的培养，将教、学、做紧密结合，让读者在实践过程中既学到了知识又培养了实用技能。

(2) 本书配套教学资源丰富，包括教学项目设计、实训素材、阶段作品源代码、课程标准、教学课件、教案、授课计划等。本书搭配在线开放课程平台，对案例进行在线视频讲解，帮助读者快速理解和掌握网页设计与制作的相关内容。

(3) 本书选用以 HTML5 为基础、CSS3 为核心的主流技术，并将这些内容和职业素质要求贯穿到真实网站项目开发过程中，帮助读者进行学习和训练。

(4) 本书选取的项目作品融入了思政元素，使读者在学习网页设计与制作知识的同时，能更深入地学习贯彻党的二十大精神。

本书的编写和整理工作由江西工业工程职业技术学院信息工程学院"网页制作"课程组完成，主要参与人员有廖丽、杨艳、廖锋、王礼琴、肖鹏、钟方强。具体分工如下：项目 1 由廖丽编写，项目 2 由王礼琴编写，项目 3 由廖锋、钟方强、肖鹏编写，项目 4 由杨艳编写。廖丽负责全书的统稿工作，朱接文担任主审。

由于编者水平有限，书中难免存在疏漏和不足之处，希望同行专家和读者批评指正，提出宝贵意见，以便今后修订。

编　者
2023 年 8 月

目　录

项目 1　网页制作入门

任务1 制作第一个 HTML 网页

📄 知识目标

(1) 了解网页相关的概念与术语。

(2) 熟悉 HTML 的发展历史。

(3) 掌握 HTML 文档的结构知识。

🔗 能力目标

(1) 掌握 Sublime Text 的基本操作。

(2) 能够创建简单的网页。

⚛ 素质目标

(1) 培养勤奋学习的态度。

(2) 提升逻辑思维能力和实训操作能力。

(3) 通过课前、课中、课后的行为规范训练，养成良好的行为习惯。

☁ 任务描述

学习网页制作前，先要了解网页与网站相关的概念与术语。在网页制作过程中，为了开发方便，通常会选择比较便捷的工具。本任务将使用常用的编辑器 Sublime Text 来制作一个 HTML 网页，完成效果如图 1-1 所示。

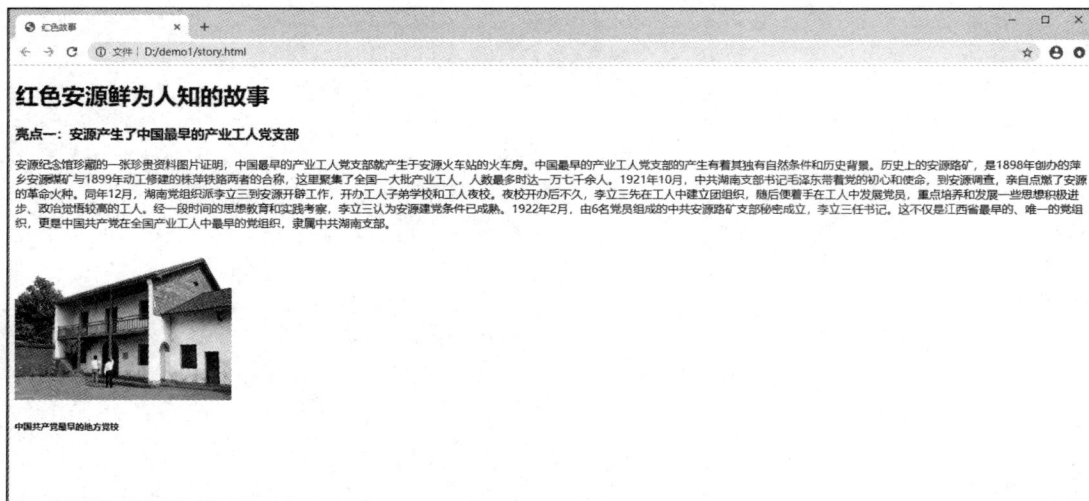

图 1-1 任务 1 网页完成效果

1.1　网页相关知识

1.1.1　网页与网站的相关概念

网页是构成网站的基本元素，是一个包含 HTML 标签的纯文本文件，也是承载各种网站应用的平台。网页要通过网页浏览器来阅读，上网时，在浏览器中打开的一个个页面就是网页，它是万维网中的一"页"。通俗地说，网站是由网页组成的，是万维网上相关网页的集合，网页是万维网上展示信息的一种形式，由文字、图片、音频、视频和超链接等元素构成。为了更好地认识网页，此处以江西工业工程职业技术学院的官方网站为例。打开浏览器，在地址栏中输入"https://www.jxvcie.edu.cn/info/1031/11291.htm"，这时显示的网页即为江西工业工程职业技术学院的一张新闻网页，效果如图 1-2 所示。

图 1-2　新闻网页效果

在浏览器中打开某个网页时，按下键盘上的 F12 键，即可看到该网页的源码，如图 1-3 所示。

图 1-3　网页的源码

1.1.2　网页分类

依据位置的不同，网页可以分为主页和内页。用户进入网站看到的第一个网页就是主页(Homepage)，也叫首页；通过主页中的超级链接打开的网页就是内页，图 1-2 所示的新闻网页就是内页。

依据表现形式的不同，网页可以分为静态网页和动态网页。静态网页是指使用 HTML 编写的网页，其制作方法简单易学，但灵活性差，在浏览网页时，浏览者和服务器不发生交互；动态网页是指使用 ASP、PHP、JSP、ASP.NET 等程序生成的可以与浏览者进行交互的网页，它因此也称为交互式网页，动态网页需要使用 HTML、编程语言和数据库共同制作。

1.2　常用的开发工具——Sublime Text

HTML5 文档实质是一个文本文件，其扩展名为.htm 或者.html。能够用来输入文本的编辑工具都可以用来编写 HTML5 文档，常用的编辑工具有 Sublime Text、HBuilder、Dreamweaver、NotePad++等。图 1-4 所示分别为 Sublime Text、HBuilder、Dreamweaver 等常用开发工具图标。

图 1-4　常用开发工具图标

Sublime Text 是一个轻量、简洁、高效、跨平台的编辑器。本书中的案例将全部使用 Sublime Text 来实现，接下来对 Sublime Text 的下载及使用进行说明。

1.2.1　下载并安装

(1) 打开 Sublime Text 官网，下载安装包。官网下载链接：http://www.sublimetext.com/3。

(2) Windows 32 位操作系统选择"Windows"，Windows 64 位操作系统选择"Windows 64 bit"，直接单击相应链接即可下载安装包，如图 1-5 所示。

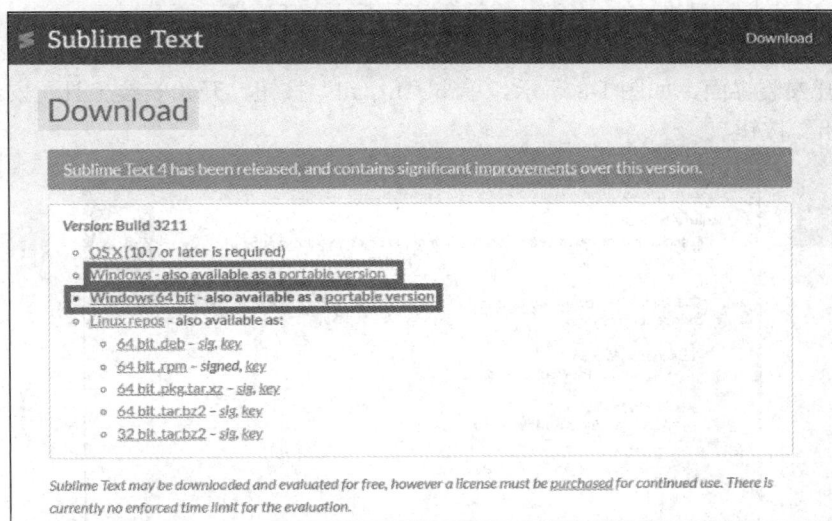

图 1-5　Sublime Text 安装包下载

(3) 把安装包下载到计算机上。记住下载路径，下载路径如图 1-6 所示。

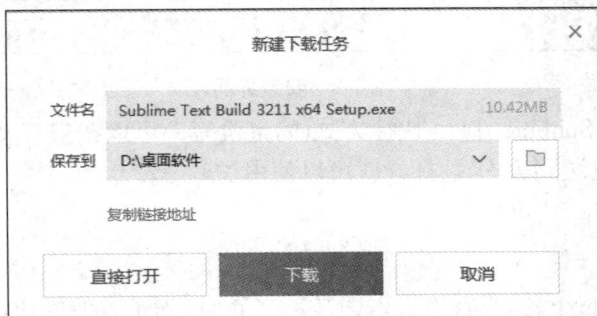

图 1-6　Sublime Text 安装包下载路径

(4) 双击安装包，打开安装程序，勾选"Add to explorer context menu"选项(该选项是添加右键菜单的选项，后期用户的相关文档都可以使用 Sublime Text 打开)，单击"Next"按钮，如图 1-7 所示。

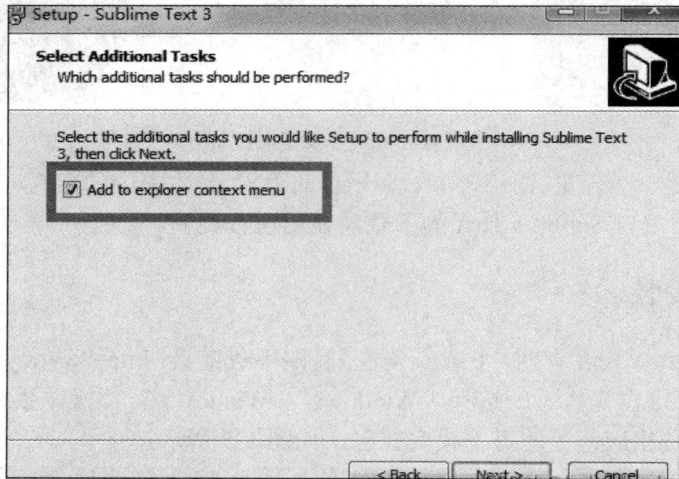

图 1-7　安装 Sublime Text 注意事项

(5) 打开安装界面，如图 1-8 所示。单击"Install"按钮，开始安装工具。安装完成后，单击"Finish"按钮。

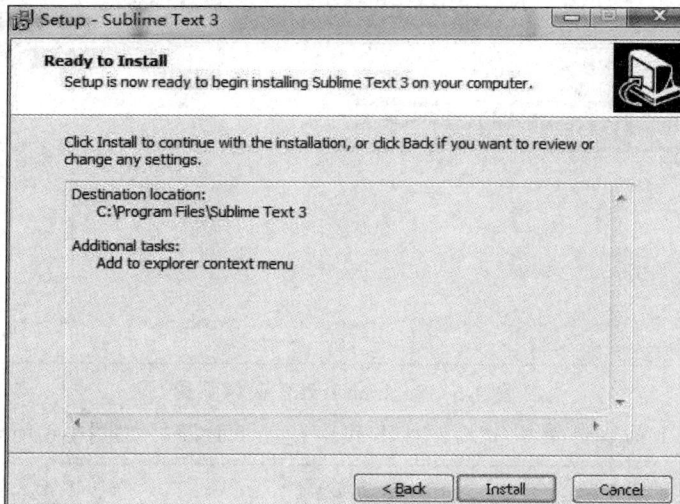

图 1-8　安装界面

(6) 在桌面找到 Sublime Text 快捷方式(如果没有，可以在安装文件夹中把"Sublime Text.exe"快捷方式发送到桌面)，打开就可以使用了。

1.2.2　中文设置

安装好 Sublime_text 之后，首次进入的是英文界面，为了方便操作，需要将 Sublime Text 设置成中文格式，具体步骤如下。

（1）打开软件，单击"Preferences"，选择最底部的"Package Control"，如图 1-9 所示，在界面中单击，出现查找栏，如图 1-10 所示。

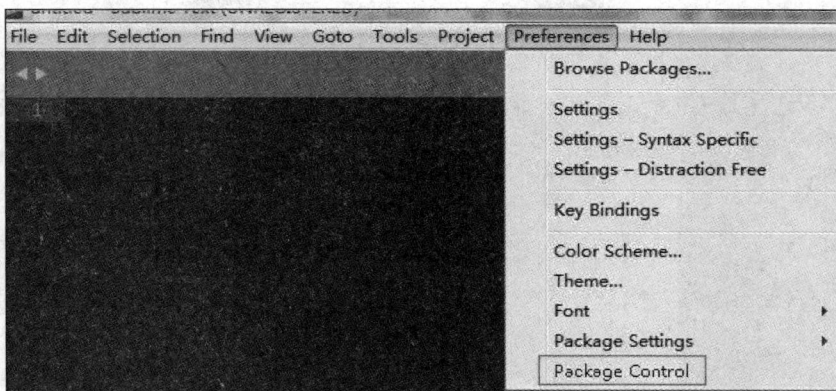

图 1-9　中文设置界面(1)

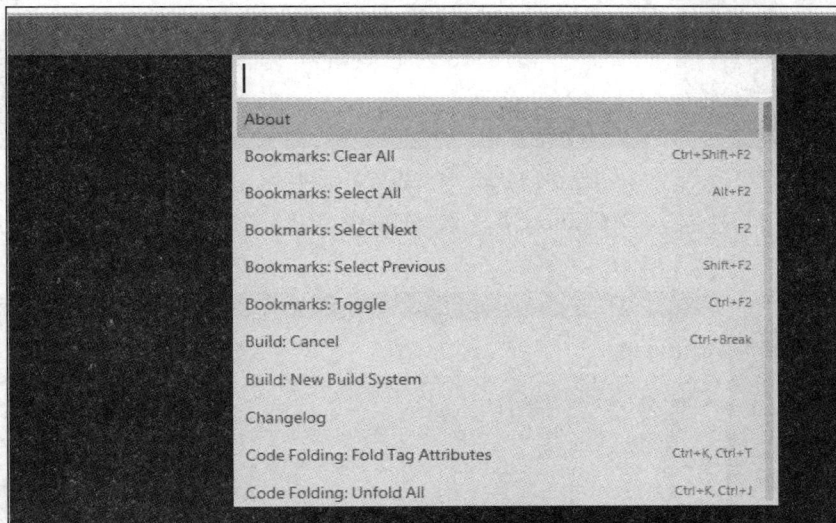

图 1-10　中文设置界面(2)

注意：如果单击"Preferences"没有出现"Package Control"，可以按住快捷键 Shift + Ctrl + P 调出查找栏。

（2）在查找栏中输入关键词"Install"，选择图 1-11 中的"Package Control: Install Package"。

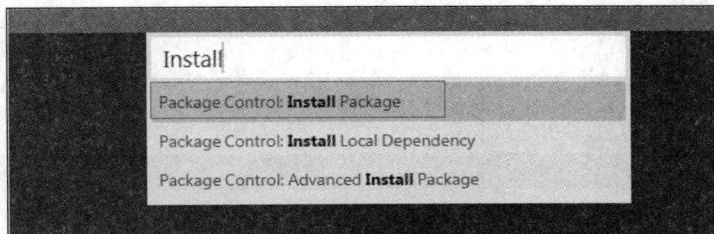

图 1-11　中文设置界面(3)

(3) 上述操作完成后，会弹出一个搜索框，表示插件列表加载完成，如图 1-12 所示。

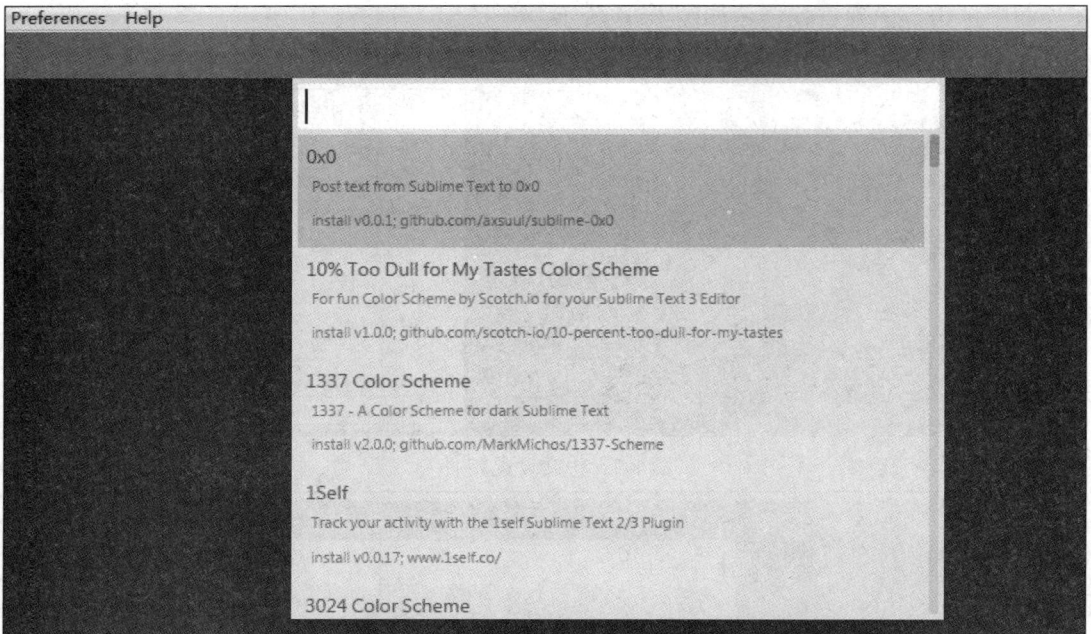

图 1-12　中文设置界面(4)

(4) 在搜索框中输入"Chinese"，选择如图 1-13 所示的下拉框中的"Chinese Localizations"。

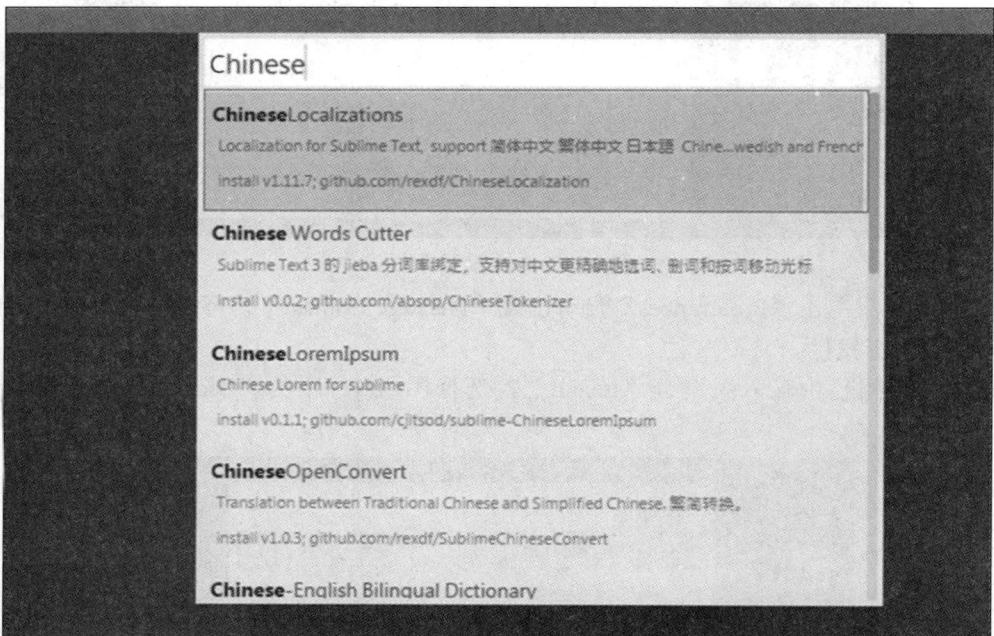

图 1-13　中文设置界面(5)

(5) 上述操作完成后，中文格式就设置完成了，如图 1-14 所示。

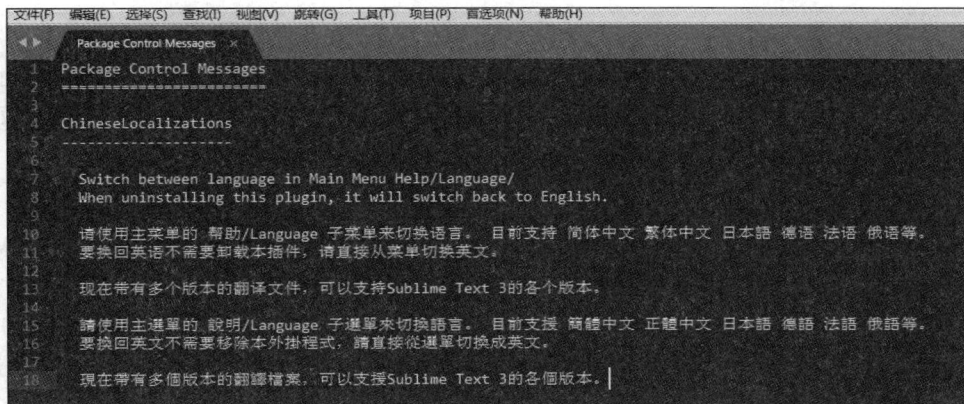

图 1-14　中文格式设置完成

1.3　HTML5 基础

1.3.1　HTML5 文档基本格式

学习任何一门语言都要掌握它的基本格式，学习 HTML5 也不例外，同样需要遵从一定的规范。新建 HTML5 文档时，会自带一些源代码，其基本格式如下：

```
<!DOCTYPE html>
<html>
    <head>
        <meta charset="UTF-8" />
        <title>Document</title>
    </head>
    <body>

    </body>
</html>
```

HTML5 文档的基本格式主要包括<!DOCTYPE>文档类型声明标签、<html>根标签、<head>头部标签、<body>主体标签，具体介绍如下。

1. <!DOCTYPE>标签

DOCTYPE 是 Document TYPE 的编写，意思是定义文档类型。

<!DOCTYPE>标签位于文档的最前面，用于向浏览器说明当前文档使用哪种 HTML 标准规范，HTML5 文档中的 DOCTYPE 声明非常简单，这就体现了 HTML5 的简洁性。

起始处使用 DOCTYPE 声明，浏览器能将该文档视为有效的 HTML 文档，并按指定的文档类型进行解析。同时，只有使用 HTML5 的 DOCTYPE 声明，才会触发浏览器以标准兼容模式来显示网页信息。

2. <html>标签

<html>标签位于<!DOCTYPE>标签之后，也被称为根标签，用于告知浏览器其自身是一个 HTML5 文档，<html>标签标志着 HTML5 文档的开始，</html>标签标志着 HTML5 文档的结束，它们之间的内容是文档的头部<head>和主体<body>内容。

3. <head>标签

<head>标签紧跟在<html>标签之后，用于定义 HTML5 文档的头部信息，因此被称为头部标签。<head>标签也被用来封装其他位于文档头部的标签，如<meta>、<title>标签等。<meta>标签中的 charset="UTF-8"指定了代码的字符集为"UTF-8"，<title>标签可以显示网页的标题信息。

一个 HTML5 文档只能含有一对<head>标签，大多数文档头部包含的数据都不会作为内容显示在页面中。

4. <body>标签

<body>标签用于定义 HTML5 文档所要显示的内容，因此也称为主体标签。浏览器中显示的所有文本、图片、表单与多媒体元素等信息都必须位于<body>标签内。

注意：一个 HTML5 文档只能含有一对<body>标签，且<body>标签必须在<html>标签内，位于<head>头部标签之后，与<head>标签是并列关系。考虑到代码的可维护性，在编码时，应该考虑整体的语义，因此要按照编码习惯与规范，统一代码的大小写，书写完整的<html>、<head>、<body>标签，最大限度地实现网页代码的简洁与完整。

1.3.2 HTML5 标签及其属性

1. HTML5 标签

HTML5 标签是由"< >"括起来的关键词，也称为 HTML5 元素。HTML5 标签分为双标签与单标签两类。

1) 双标签

双标签是指由开始和结束两个标签符号组成的标签。语法如下：

<标签名>内容</标签名>

<标签名>表示标签作用开始，一般称作"开始标签"；</标签名>表示标签作用结束，一般称作"结束标签"。两者的区别是"结束标签"的前面多了"/"关闭符号。例如：

<h1>学院介绍</h1>

2) 单标签

单标签也称为空标签，是指用一个标签符号即可完整地描述某个功能的标签。语法如下：

<标签名 />

例如，
标签就是单标签，用于实现换行。

2. HTML5 标签的属性

使用 HTML5 标签的属性可以给 HTML5 提供更多的信息。语法如下：

<标签名 属性 1="属性值 1" 属性 2="属性值 2" ... />内容</标签名>

一个标签可以拥有多个属性，属性必须写在开始标签中，位于标签名后面。属性之间

不分先后顺序，标签名与属性、属性与属性之间均以空格分开。任何标签的属性都有默认值，省略该属性则取默认值。

例如，单标签<hr/>表示在文档当前位置画一条水平线(Horizontal Line)，从窗口当前行的最左端一直延伸到最右端，如图 1-15 所示。

高度为1像素

<hr color= "#FF0000" size= "1" width= "80% " />

颜色为红色   宽度为80%

图 1-15　单标签案例

标签不区分大小写，同时允许设置属性时不加引号。例如，以下 3 行代码是等效的：

```
<meta charset="UTF-8" />
<META charset="UTF-8" />
<META charset=UTF-8/>
```

1.3.3　代码的注释

HTML5 代码的注释采用<!-- ... -->标签，例如：

```
<!--这是一段注释。注释不会在浏览器中显示。-->
```

1.4　任务实现

1. 创建项目

创建一个项目文件夹 demo1，启动 Sublime Text，打开项目文件夹，在项目文件夹中建立 story.html 文件和 images 文件夹，demo1 项目目录结构如图 1-16 所示。

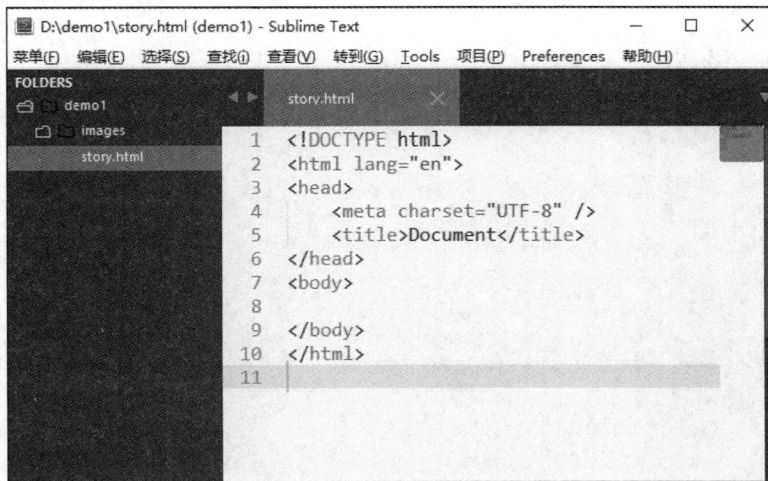

```
D:\demo1\story.html (demo1) - Sublime Text        —  □  ×
菜单(F) 编辑(E) 选择(S) 查找(I) 查看(V) 转到(G) Tools 项目(P) Preferences 帮助(H)
FOLDERS                story.html                    ×
  demo1
    images      1   <!DOCTYPE html>
  story.html    2   <html lang="en">
                3   <head>
                4       <meta charset="UTF-8" />
                5       <title>Document</title>
                6   </head>
                7   <body>
                8
                9   </body>
               10   </html>
               11
```

图 1-16　demo1 项目目录结构

2. 输入网页内容

在<body></body>中输入网页元素内容，输入的代码内容如下：

```
<body>
<h1>红色安源鲜为人知的故事</h1>
<h3>亮点一：安源产生了中国最早的产业工人党支部</h3>
<p>在安源纪念馆珍藏着一张珍贵的照片，这张照片见证了中国最早的产业工人党支部产生于安源火车站的火车房。历史上的安源路矿，是 1898 年创办的萍乡安源煤矿与 1899 年动工修建的株萍铁路的合称，这里聚集了一大批产业工人，人数最多时达一万七千余人。1921 年 10 月，毛泽东带着党的初心和使命，到安源调查，亲自点燃了安源的革命火种。同年 12 月，李立三到安源开办了工人子弟学校和工人夜校。工人夜校开办后不久，李立三先在工人中建立团组织，随后在工人中发展党员，重点培养和发展觉悟较高、思想进步的工人。经过一段时间的思想教育和实践考察，李立三认为在安源建党的条件成熟。1922 年 2 月，由 6 名党员组成的中共安源路矿支部成立，李立三任书记。中共安源路矿支部不仅是江西省成立最早的党组织，也是中国共产党在全国产业工人中成立最早的党组织。</p>
<div>
    <img src="images/culture.png" alt="" />
    <h6>中国共产党最早的地方党校</h6>
</div>
</body>
```

保存代码内容后，在浏览器中显示效果如图 1-1 所示。至此，任务 1 全部完成。

任务 2　美化第一个 HTML 网页

知识目标

(1) 掌握 CSS 的概念并了解 CSS 的发展史。
(2) 熟悉网页 CSS 样式的创建流程。
(3) 掌握网页设计过程中的结构和表现的概念。

能力目标

(1) 能够使用 Sublime Text 编写简单的 CSS 样式。
(2) 能够对网页进行简单的美化。

素质目标

(1) 掌握并遵循 Web 开发标准。
(2) 培养分析问题和解决问题的能力。
(3) 培养自学能力。

任务描述

本任务通过美化任务 1 的网页，让读者了解网页制作过程中两个最重要的概念——结构和样式，同时熟悉网页制作的整个流程。

网页美化对于初学者有一定难度，它涵盖了文本操作的基本 CSS 样式，熟练掌握它会为以后的学习打下良好的基础。对于初学者而言，应当反复练习，直到掌握相关知识。任务 2 网页完成效果如图 1-17 所示。

图 1-17　任务 2 网页完成效果

2.1 初 识 CSS

2.1.1 CSS 概念

CSS(Cascading Style Sheets)就是层叠样式表，通常被称为 CSS 样式，主要用于设置 HTML 网页中的文本内容(字体、大小、对齐方式等)、图片的规格(宽高、边框样式、边距等)以及版面的布局等外观显示样式。CSS 非常灵活，既可以嵌入在 HTML 文档中，也可以是一个单独的外部文件，如果是单独的文件，则必须以 .css 为扩展名。

CSS 能够简化网页的代码，外部的样式表还会被浏览器保存，从而加快下载速度，减少需要上传的代码数量。只要修改保存在网站中的 CSS 样式表文件，就可以改变整个网站的风格特色，在修改包含众多网页的网站时，就避免了一个个网页的修改，大大减少了工作量。

W3C 鼓励网页设计人员使用 HTML 来定义网页的结构，使用 CSS 来控制网页的外观，两者的功能明确，语义清晰。

2.1.2 CSS 发展史

(1) 1996 年 12 月，W3C 推出了 CSS 规范的第一个正式标准。

(2) 1997 年，W3C 颁布了 CSS1 版本，CSS1 较全面地规定了文档的显示样式，分为选择器、样式属性、伪类/对象等部分。

(3) 1998 年，W3C 发布了 CSS2 版本，目前的主流浏览器都采用这个版本。CSS2 的规范是基于 CSS1 设计的，包含了 CSS1 所有的功能，并扩充和改进了很多更加强大的属性，包括选择器、位置模型、布局、表格样式、媒体类型、伪类、光标样式等。

(4) 2005 年 12 月，W3C 开始制定 CSS3 的标准，到目前为止，该标准还没有最终定稿。

目前，最新的 CSS 版本是 CSS3。CSS3 是 CSS 技术的升级版本，CSS3 是朝着模块化发展的，它的核心内容有盒模型、列表模块、超链接方式、语言模块、背景和边框、文字特效、多栏布局等。

2.2 Web 标 准

因为不同的浏览器可能会解析出不一样的结果，所以开发者经常要开发多版本的网页。通过 Web 标准，不同的版本可以显示统一的内容，从而大大提高开发效率。

使用 Web 标准主要有以下几个好处。

(1) 让 Web 的发展前景更广阔。

(2) 内容能被更广泛的设备访问。

(3) 更容易被搜索引擎搜索。

(4) 能够降低网站流量费用。

(5) 使网站更易于维护。

(6) 提高网页浏览速度。

Web 标准是由 W3C 和其他标准化组织共同制定的一系列标准的集合，主要包括结构 (Structure)、表现(Presentation)和行为(Behavior)三个方面。

(1) 结构用于网页元素的整理和分类，主要包括 XML 和 XHTML 两个部分。

(2) 表现用于设置网页元素的版式、颜色、大小等外观样式，主要指的是 CSS。

(3) 行为是指网页模型的定义及交互的编写，主要包括 DOM 和 ECMAScript 两个部分。

Web 标准最核心的思想是结构、表现、行为的分离，本书将着重介绍结构与表现。

2.3　任 务 实 现

本任务在任务 1 HTML 结构的基础上美化网页，故省掉了网页的 HTML 结构。具体实施步骤如下。

(1) 启动 Sublime Text，打开项目 1 的任务 1 网页 story.html。

(2) 采用内部样式表引入样式的方法，在 HTML 头部添加 CSS 样式标签<style></style>，添加后文件头部分代码如下：

```html
<head>
    <meta charset="UTF-8" />
    <title>红色故事</title>
    <style>


    </style>
</head>
```

(3) 在<style></style>标签中写入 CSS 样式美化页面。

① 将标题居中设置，给 1 号标题加上灰色的下框线，代码如下：

```css
h1{
    text-align:center;
    border-bottom:2px solid #eee;
}
```

② 设置 3 号标题颜色，并且缩进两个字符，代码如下：

```css
h3{
    color:red;
    text-indent:2em;
}
```

③ 调整段落文字为两倍行高，首行缩进两个字符，代码如下：

```
p{
        line-height:2em;
        text-indent:2em;
}
```

④ 给图片加上红色边框，并且设置10%的圆角弧度，代码如下：

```
img{
        border:10px solid red;
        border-radius:10%;
}
```

保存相关代码后，在浏览器中的显示效果如图1-17所示。至此，任务2全部完成。

项目2　网页的基本结构实现

（制作"学习党的二十大精神专题网"子页）

任务3 制作"学习资料"子页

知识目标

(1) 掌握 HTML 基本结构的元素。
(2) 掌握 HTML 元素的分类。
(3) 掌握 HTML 注释标签与文档类型标签的用法。

能力目标

(1) 能够正确使用基本结构的元素。
(2) 能够正确使用注释标签进行注释。
(3) 能够正确使用文档类型标签对文档进行声明。

素质目标

(1) 掌握并遵循 Web 开发标准。
(2) 培养勤奋学习的态度。
(3) 培养严谨的编程习惯。

任务描述

HTML 的头部标签<head>里主要存放网页标题以及其他不在网页中显示的基本信息。HTML 的<body>标签中是网页的主体部分，是用户可以看到的内容，主要包含文本、图片、音频、视频等。本任务通过制作"学习资料"子页，让读者学习 HTML 基本的结构元素、HTML 元素的分类、HTML 注释标签与文档类型标签的使用。任务3子页完成效果如图 2-1 所示。

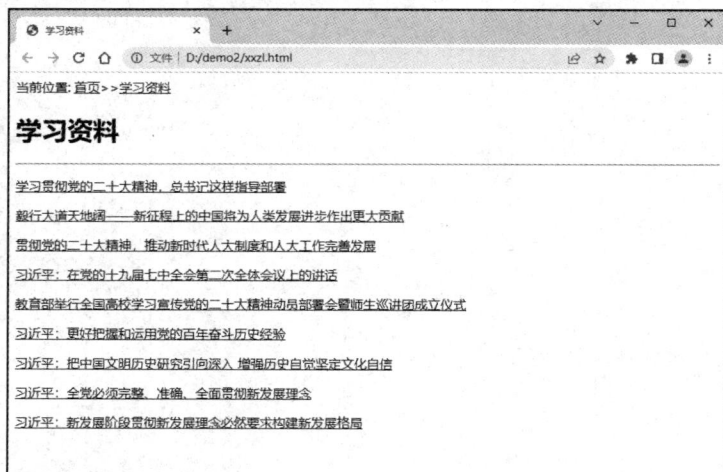

图 2-1 "学习资料"子页完成效果

3.1　HTML 基本结构元素

HTML 基本结构元素是构成 HTML 文档的基本对象，是通过 HTML 标签进行定义的，从开始标签起始，以结束标签终止，元素的内容是开始标签与结束标签之间的部分。HTML 基本结构元素包括 html、head、title、body、meta、link、style、script 等，理解这些元素的含义，才能编写与读懂 HTML 文档。每个 HTML 文档都包含 html、head 和 body 三个元素，并且只能出现一次。

1. html 元素

html 元素是网页文档的根元素，所有网页文档内容都要放置在 html 元素的起始标签和结束标签内。浏览器通过该标签确认读取的文档是 HTML 文档，整个网页文档是 HTML 格式，并按照 HTML 规范解析和显示 HTML 文档。

2. head 元素

head 元素包含网页的头部信息，用于定义文档的头部，它是所有头部内容的容器。头部内容主要包括网页的标题、网页介绍、关键词、样式文件、脚本文件、字符编码等。这些内容主要被浏览器所用，不会显示在网页内容中。head 常用元素如下。

1) title 元素

title 元素是最重要的 HTML 元素之一，它的内容是网页的标题。每个 HTML 文档都需要有一个名称(即标题)，它的主要功能是描述网页的内容。在浏览器中，标题主要显示在浏览器的标题栏或状态栏中，如果浏览者认为某个网页对自己有用，想经常阅读，就可以收藏该网页文档或将其加入书签列表，该网页文档链接的默认名称就是相应的标题。title 元素必须放置在 head 元素内。

标题应当尽可能的短，并对内容有较好的描述。

例如以下两个优秀的标题：

```
<title>学习资料</title>
<title>学习动态</title>
```

以下是三个较差的标题：

```
<title>简介</title>
<title>章节 1</title>
<title>W3School 是领先的 Web 技术教程，从基础的 HTML 到 CSS，乃至进阶的 XML、SQL、JS、PHP 和 ASP.NET。</title>
```

2) link 元素

link 元素用于网页文档引入外部样式文件。样式文件是 CSS 文件，CSS 文件描述了网页的外观，例如网页的背景颜色、文字的字体字号、网页元素之间的排版位置等内容。例如，下面的代码表示引入了 style.css 文件：

```
<link rel="stylesheet"type="text/css"href="style.css">
```

link 元素的 href 属性值为链接样式文件的名称；type 属性指定链接文件的类型，一般是样式文件，值为 text/css；rel 属性指定当前网页文档与被链接文档之间的关系，值为 stylesheet，表示链接的是样式表。

3) script 元素

script 元素用于网页文档引入外部脚本文件和内置脚本。脚本文件是 JS 文件，脚本文件是用 Javascript 语言编写的程序，被引入的程序可以在网页中调用。例如，下面的代码表示网页文档引入了 alert.js 文件：

```
<script src="alert.js" type="text/javascript"></script>
```

script 元素的 src 属性值为脚本文件的名称；type 属性指定链接文件的类型，一般是脚本；type 属性值为 text/javascript。script 元素也可以内置脚本，例如，下面的代码表示网页文档内置了脚本：

```
<script>
    document.write("HelloWorld!");
</script>
```

4) meta 元素

meta 元素用于设置网页关键词、网页描述、作者、字符集等信息。利用 meta 元素可以对网页进行 SEO 优化，搜索引擎通过 meta 元素提供的网页关键词及网页描述，再综合网页内容可以对网页质量进行评估。

meta 元素共有两个属性，分别是 http-equiv 属性和 name 属性。http-equiv 属性向浏览器提供网页控制信息，如网页采用的字符集等；name 属性描述网页关键词、网页内容等信息。例如，下面的代码分别定义了网页的描述与关键词：

```
<meta name="description" content="江西工业工程职业技术学院地处萍乡经济技术开发区玉湖湖畔,
是江西省教育厅直属管理的公办高校，江西省示范性高职院校" />
<meta name="keywords" content="江西工业工程职业技术学院" />
```

3. body 元素

body 元素包含网页文档的所有内容，是网页文档的主体元素，表示页面的"身体"。例如，段落 p、标题 h1～h6、超链接 a、图片 img、表单 form、列表 ul 等元素都放在 body 元素中。

3.2 HTML 元素类型

根据元素的显示类型不同(能不能在同一行显示)，HTML 元素分为行内元素、块状元素和行内块状元素三类。根据元素的内容类型不同(浏览器是否会替换元素)，HTML 元素可以分为替换元素和不可替换元素两类。

3.2.1　行内元素、块状元素和行内块状元素

1. 行内元素

行内元素也称内联元素，不占有独立区域，常用于控制页面中文本的样式。因其大小依赖于自身内容的大小，所以一般不能随意设置其宽高、对齐等属性。行内元素具有以下几方面特点。

(1) 和其他元素都在同一行。

(2) 元素的高度、宽度、行高及顶部和底部边距不可设置，左右边距可以设置。

(3) 元素的宽度就是它包含的文字或图片的宽度，不可改变。

(4) 只可以容纳行内元素。

常用的行内元素有 a、span、br、i、em、strong、label、q、textarea 等，其中，a 和 span 是较为典型的行内元素。

2. 块状元素

块状元素也叫块级元素，在网页中是以块的形式显示。所谓块状，就是元素区域显示为矩形。块状元素主要用于网页布局和网页结构搭建，相邻的块状元素在不同行显示。块状元素具有以下几方面特点。

(1) 总是在新的一行开始，独立占一行；两个相邻块状元素不会并列显示，会按顺序自上而下排列。

(2) 元素的高度、宽度、行高、边距都可以控制。

(3) 元素宽度在不设置的情况下，继承父元素的密度。

(4) 可以包含行内元素和部分块状元素。

常用的块状元素有 div、p、h1、h2、h3、h4、h5、h6、ul、li、ol、dl、form、table 等，其中，div 是较为典型的块状元素，被广泛地应用于网页布局中。

3. 行内块状元素

行内块状元素也叫内联块级元素，它同时具备行内元素、块状元素的特点，其本质是行内元素。行内块状元素具有以下特点。

(1) 默认宽度是其本身内容的宽度，可以设置宽度、高度和内外边距。

(2) 可以与其他行内元素、块状元素共处一行，但是之间会有空白缝隙。

常见的行内块状元素有 img、input、td。

HTML 元素的类型可以进行转换，可以在行内样式或 CSS 样式中改变元素的 display 属性，将三种元素进行转换。通过代码 display: block;可以将元素强制转为块状元素；通过代码 display: inline;可以将元素强制转为行内元素；通过代码 display: inline-block;可以将元素强制转为行内块状元素。

3.2.2　替换元素与不可替换元素

1. 替换元素

替换元素也叫置换元素，即浏览器会根据元素的标签和属性决定元素的具体显示内容。

例如，浏览器会根据 img 标签的 src 属性值来读取图片信息并将其显示出来，但在查看 HTML 代码时，看不到图片的实际内容。常见的替换元素有 img、input、textarea、select、object 等。例如下面两行代码，浏览器根据 input 元素的 type 属性值分别显示的是输入框与单选按钮：

```
<input type="text"/>
<input type="radio"/>
```

2. 不可替换元素

不可替换元素也叫非置换元素，即其内容直接表现在浏览器中。例如，段落元素 p 就是一个不可替换元素，文字段落的内容全部被显示。HTML 文档中的大多数元素都是不可替换元素，通常都是双标签。

3.2.3 注释标签元素和文档类型标签元素

在 HTML 文档中还有两种特殊的元素，那就是注释标签元素和文档类型标签元素。

1. 注释标签元素

可以在 HTML 文档中添加注释，增加代码的可读性，便于以后维护和修改。用户在浏览器中看不见这些注释，只有用代码编辑器打开文档源代码时才能看见。注释标签元素的语法格式如下：

```
<!--注释内容-->
```

例如，下面的代码表示为<p>标签添加一段注释：

```
<p>这是一段普通的段落。</p><!--这是一段注释，不会在浏览器中显示。-->
```

注释的长度不受限制，并不局限于一行，结束标签与开始标签可以不在同一行。对关键代码块进行注释，通过注释来说明某段代码的意图，能够提醒自己或他人了解这段代码的意义。

2. 文档类型标签元素

网络上有很多不同的文件，只有正确声明 HTML 的版本，浏览器才能正确显示网页内容。对文档进行声明，使用的是文档类型标签<!DOCTYPE>。<!DOCTYPE>标签没有结束标签，并且不区分大小写，声明 HTML5 文档用<!DOCTYPE html>、<!DOCTYPE HTML>、<!doctype html>、<!Doctype Html>这些标签均可。声明必须是 HTML 文档的第一行，也就是处于<html>标签之前。文档类型标签不是普通的 HTML 标签，它是一种指令，是指示 Web 浏览器关于页面使用哪个 HTML 版本进行编写的指令。

3.3 任务实现

1. 创建项目

创建项目 2 文件夹 demo2，启动 Sublime Text，打开项目文件夹，在项目文件夹中新建 alert.js 文件、style.css 文件和 xxzl.html 文件，项目 2 demo2 目录结构如图 2-2 所示。

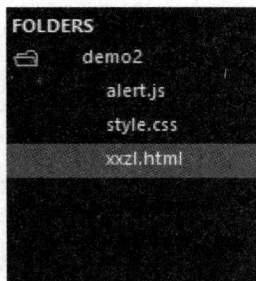

图 2-2　项目 2 demo2 目录结构

2. 快速生成 HTML5 文档

打开项目 2 任务 3 页面 xxzl.html，用键盘输入"！"后按 Ctrl+E 键或 Tab 键，可快速生成 HTML5 文档结构。具体代码如下：

```html
<!DOCTYPE html>
<html lang="en">
<head>
    <meta charset="UTF-8" />
    <title>Document</title>
</head>
<body>


</body>
</html>
```

其中第一行<!DOCTYPE html>就是文档类型标签，声明是 HTML5 文档。

3. 输入 xxzl.html 文件的头部内容

在<head></head>标签中间，<meta charset="UTF-8" />后添加<meta>标签，并设置 name，content 属性；在<title></title>标签中输入标题学习资料；使用<link>标签链接外部的 CSS 样式文件 style.css；使用<style>标签添加简单的内部样式；使用<script>标签链接外部的 JS 文件。具体代码如下：

```html
<head>
    <meta charset="UTF-8" />
    <meta name="keywords" content="学习党的二十大精神专题网,学习资料">
    <title>学习资料</title>
    <link rel="stylesheet" type="text/css" href="style.css">
    <style type="text/css" media="screen">
        span{
            color:#F00;
        }
    </style>
    <script src="alert.js" type="ext"></script>
</head>
```

4. 输入网页内容

在<body></body>标签中输入网页内容，具体代码如下：

```
<body>
    <!—当前位置区域 -->
    <span>当前位置:</span><a href="index.html">首页</a>&gt;&gt;<a href="xxzl">学习资料</a>
    <!—标题区域 -->
    <h1>学习资料</h1>
    <hr>
    <!—正文区域 -->
    <p><a href="#">学习贯彻党的二十大精神，总书记这样指导部署</a></p>
    <p><a href="#">毅行大道天地阔——新征程上的中国将为人类发展进步做出更大贡献</a></p>
    <p><a href="#">贯彻党的二十大精神，推动新时代人大制度和人大工作完善发展</a></p>
    <p><a href="#">习近平：在党的十九届七中全会第二次全体会议上的讲话</a></p>
    <p><a href="#">教育部举行全国高校学习宣传党的二十大精神动员部署会暨师生巡讲团成立仪
        式</a></p>
    <p><a href="#">习近平：更好把握和运用党的百年奋斗历史经验</a></p>
    <p><a href="#">习近平：把中国文明历史研究引向深入 增强历史自觉坚定文化自信</a></p>
    <p><a href="#">习近平：全党必须完整、准确、全面贯彻新发展理念</a></p>
    <p><a href="#">习近平：新发展阶段贯彻新发展理念必然要求构建新发展格局</a></p>
</body>
```

其中：

```
<!—当前位置区域 -->
<!—标题区域 -->
<!—正文区域 -->
```

这 3 行代码是注释标签，在浏览器中不显示。

保存相关代码后，在浏览器中显示效果如图 2-3 所示，单击"确定"按钮后，效果如图 2-1 所示。至此，任务 3 全部完成。

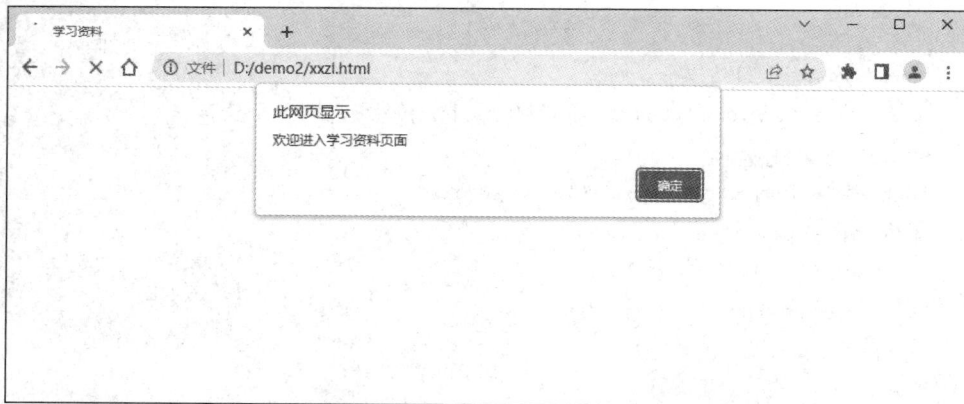

图 2-3　demo2 项目在浏览器中显示效果

任务4　制作"学习动态"子页

知识目标

(1) 掌握常用块状元素的用法。
(2) 掌握常用行内元素的用法。

能力目标

(1) 能够熟练使用段落、标题、列表、通用块标签。
(2) 能够熟练使用超链接、图片、通用行标签。
(3) 能够使用合适的 HTML 标签创建图文并茂的网页。

素质目标

(1) 培养自主学习能力。
(2) 培养举一反三的思维能力和吃苦耐劳的精神品质。

任务描述

在网页中，任何元素的功能都要依靠 HTML 标签实现，HTML 主体标签很多，如<div>、<span>、<img>、<ul>、<li>、<a>、<p>、<h1>~<h6>等。本任务要求通过学习这些标签的相关属性及其使用方法，制作出"学习动态"子页，完成效果如图 2-4 所示。

图 2-4　"学习动态"子页完成效果

4.1 常用的块状元素

4.1.1 段落与标题

1. 段落元素 p 和 pre

p 元素中的 p 是英文单词 paragraph(段落)的简写，p 元素是通过<p>标签定义的。其语法格式如下：

<p align="对齐方式">段落文本</p>

几乎所有的主流浏览器都支持<p>标签，<p>标签是双标签，文本内容放在<p></p>中间。<p>标签定义段落，会自动在其前后创建一些空白区域，浏览器会自动添加这些空白区域。起始标签和结束标签内的文本内容的空格和换行符都会被浏览器忽略。

align 是可选属性，规定段落中文本的对齐方式，其属性值有 left、right、center、justify。一般不建议使用 align，建议使用样式取代。

pre 元素中的 pre 是 performatted 的简写，pre 元素是通过<pre>标签定义的。<pre>标签与<p>标签用法基本相同，唯一的区别是<pre>中的文本内容保留空格和换行符，并且文本内容中的英文字符统一使用等宽字体，便于对齐。

案例 example2-1.html 演示了<p>标签和<pre>标签的区别，主体代码如下：

```html
<body>
    <p>
        这是段落文字
        这是段落文字
        这是段落文字
        这是段落文字
    </p>
    <hr>
    <pre>
        这是段落文字
        这是段落文字
        这是段落文字
        这是段落文字
    </pre>
</body>
```

该案例在浏览器中的显示效果如图 2-5 所示。

<pre>标签默认显示的文本大小是 13 px，比较小，而<p>标签里面的文本大小是 16 px。另外，<pre>标签里的文本会保留空格和换行符(非 html 的 和
)。<pre>标签通常用于显示源代码。<p>标签不能用在<pre>标签内。

图 2-5 <p>标签与<pre>标签的区别显示效果

2. 标题元素

<h1>～<h6>标签可用于定义标题元素，<h1>定义最大的标题，<h6>定义最小的标题。

由于标题元素拥有确切的语义，因此需要选择恰当的标签层级来构建文档的结构。不建议使用标题元素来改变同一行中的字体大小，应当使用层叠样式表来达到显示效果。

<h1>标签用来描述网页中最上层的标题，部分浏览器会默认地把<h1>标签中的内容显示为很大的字体，有些 Web 开发者使用<h2>标签代替<h1>标签来显示最上层的标题，这样做不会对用户产生影响，但会使那些试图"理解"网页结构的搜索引擎和其他软件感到"困惑"。因此在设置网页结构的时候，最好把<h1>标签用于最顶层的标题，<h2>标签和<h3>标签用于较低层级的标题。如果不喜欢默认的标题字体尺寸，可以使用样式或样式表来改变标题字体尺寸。

和<p>标签一样，<h1>～<h6>标签的 align 属性不被推荐使用。

4.1.2 通用块状元素

div 元素是通用块状元素，是通过<div>标签定义的。<div>标签用来定义文档中的分区或节(Division/Section)，它把文档分割为独立的、不同的部分。<div>标签是一个容器标签，其中的内容可以是任何 HTML 元素。如果有多个<div>标签把文档分成多个部分，可以使用 id 属性或 class 属性来区分不同的<div>标签。

id 和 class 是通用块状元素最重要的两个属性，可以对同一个<div>标签应用这两个属性，一般情况下只应用其中一种。id 元素和 class 元素的主要差异是：class 元素用于元素组(类似的元素，或者可以理解为某一类元素)；而 id 元素用于标识单独的、唯一的元素，其值是唯一的。具体来说，class 是定义好的一个样式，可以套在任何结构和内容上，便于重复使用；id 是一个标识，先找到结构或内容，再给它定义样式，用于区分不同的结构或内容。

下面这段代码模拟了新闻网站的结构：

```
<body>
    <h1>NEWS WEBSITE</h1>
    <p>some text. some text. some text...</p>
  ...
    <div class="news">
```

```
        <h2>News headline 1</h2>
        <p>some text. some text. some text...</p>
        ...
    </div>
    <div class="news">
        <h2>News headline 2</h2>
        <p>some text. some text. some text...</p>
        ...
    </div>
    ...
</body>
```

上述代码中的每个 div 元素把每条新闻的标题和摘要组合在一起，也就是说，div 元素为文档添加了额外的结构。同时，由于这些 div 元素属于同一类元素，因此能使用 class="news" 对这些 div 元素进行标识，这么做不仅为 div 元素添加了合适的语义，而且便于进一步使用样式对 div 元素进行格式化设置。

4.1.3　常用列表块状元素

列表是制作网页时经常使用的元素，它可以使文本内容显得工整、直观。HTML 文档支持有序列表、无序列表和定义列表三种方式。

1. 有序列表

有序列表是一个特定顺序的列表项集合。在有序列表中，各个列表项有先后顺序之分，它们之间以编号来标记区分。在创建有序列表时，主要使用<ol>标签和<li>标签来标记，其中<ol>标签标识有序列表的开始，<li>标签标识有序列表项，具体语法格式如下：

```
<ol type=编号类型 start=value>
    <li>第一项</li>
    <li>第二项</li>
    <li>第三项</li>
</ol>
```

有序列表中默认 type 属性的类型是数字，而且是从 1 开始的。start 属性表示从 type 类型的第几个数字开始。有序列表 type 属性值如表 2-1 所示。

表 2-1　有序列表 type 属性值

属性值	含　　义
1	列表项用阿拉伯数字表示：1、2、3……
A	列表项用大写英文字母表示：A、B、C……
a	列表项用小写英文字母表示：a、b、c……
I	列表项用大写罗马数字表示：Ⅰ、Ⅱ、Ⅲ……
i	列表项用小写罗马数字表示：i、ii、iii……

案例 example2-2.html 演示了有序列表的用法，主体代码如下：

```html
<body>
    <ol>
        <li>苹果</li>
        <li>香蕉</li>
        <li>菠萝</li>
    </ol>
    <ol type="a" start="3">
        <li>咖啡</li>
        <li>牛奶</li>
        <li>茶</li>
    </ol>
</body>
```

该案例在浏览器中的显示效果如图 2-6 所示。

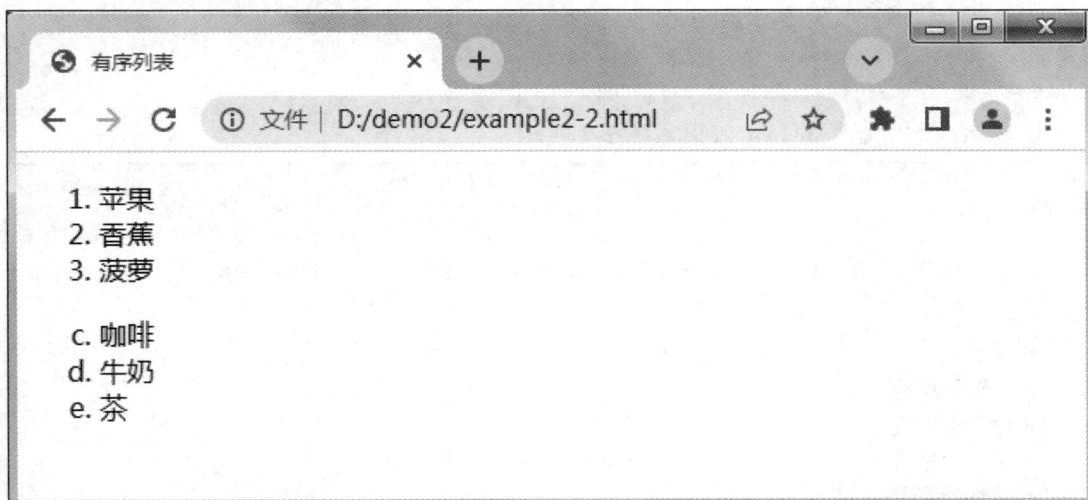

图 2-6 有序列表的显示效果

2. 无序列表

在无序列表中，列表项的前导符号没有特定的次序，而是黑点、圆圈、方框等特殊符号标识。使用无序列表并不会使列表项杂乱无章，而会使列表项的结构更清晰、更合理。在创建无序列表时，主要使用<ul>标签和<li>标签来标记，其中<ul>标签标识无序列表的开始，<li>标签标识无序列表项，具体语法格式如下：

```html
<ul type=编号类型>
    <li>第一项</li>
    <li>第二项</li>
    <li>第三项</li>
</ul>
```

无序列表中 type 属性决定列表的图标类型，type 属性值如表 2-2 所示。

表 2-2　无序列表 type 属性值

属性值	含　义
disc	列表项用实心圆表示(默认)
circle	列表项用空心圆表示
square	列表项用小方块表示

案例 example2-3.html 演示了无序列表的用法，主体代码如下：

```
<body>
    <ul>
        <li>首页</li>
        <li>学校概况</li>
        <li>教学在线</li>
        <li>院系设置</li>
        <li>党的建设</li>
    </ul>
</body>
```

该案例在浏览器中的显示效果如图 2-7 所示。

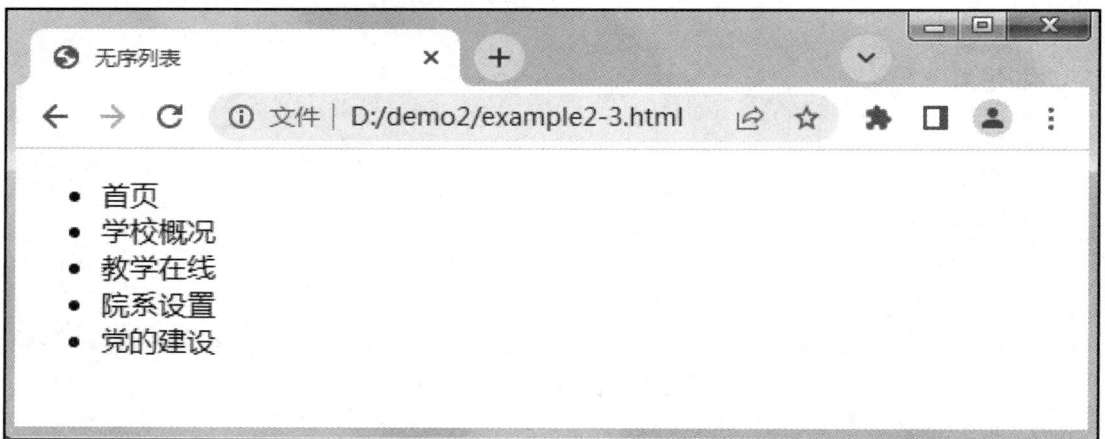

图 2-7　无序列表的显示效果

3. 定义列表

定义列表又称为释义列表或字典列表，它不仅是一列项目，也是项目及其注释的组合。在创建定义列表时，主要使用<dl>标签、<dt>标签和<dd>标签，具体语法格式如下：

```
<dl>
    <dt>名词 1</dt>
    <dd>名词解释 1</dd>
    <dt>名词 2</dt>
    <dd>名词解释 2</dd>
```

```
        <dt>名词 3</dt>
        <dd>名词解释 3</dd>
        …
    </dl>
```

使用<dl>、<dt>和<dd>三个标签组合定义列表时，<dt>是标题，<dd>是内容，<dl>可以看作是承载它们的容器。当出现多组这样的标签组合时，应尽量使用一个<dt>标签配合一个<dd>标签的方法。

案例 example2-4.html 演示了定义列表的用法，主体代码如下：

```
<body>
    <dl>
        <dt>Web 前端课程</dt>
        <dd>这里有 html 教程</dd>
        <dd>这里有 css 教程</dd>
        <dt>Java 课程</dt>
        <dd>这里有 java 开发教程</dd>
    </dl>
</body>
```

该案例在浏览器中的显示效果如图 2-8 所示。

图 2-8　定义列表的显示效果

在上面的案例中，定义列表每一项的名称不再用<li>标签，而是用<dt>标签进行标记，后面跟着<dd>标签标记条目的定义或解释。默认情况下，浏览器一般会在左边界显示条目的名称，并在下一行缩进显示其定义或解释。同时，定义列表项前面无任何项目符号。

4. 列表嵌套

所谓列表嵌套，就是无序列表与有序列表嵌套混合使用。列表嵌套能将制作的网页页面分割成多个层次，如图书的目录，让人觉得有很强的层次感。有序列表和无序列表不仅能自身嵌套，而且能互相嵌套。

案例 example2-5.html 演示了列表嵌套的用法，主体代码如下：

```
<body>
    <ul type="circle">
        <li>北京</li>
        <li>上海</li>
            <ol>
                <li>浦东新区</li>
                <li>徐汇区</li>
                <li>长宁区</li>
                <li>普陀区</li>
            </ol>
        <li>广州</li>
        <li>深圳</li>
    </ul>
</body>
```

该案例在浏览器中的显示效果如图 2-9 所示。

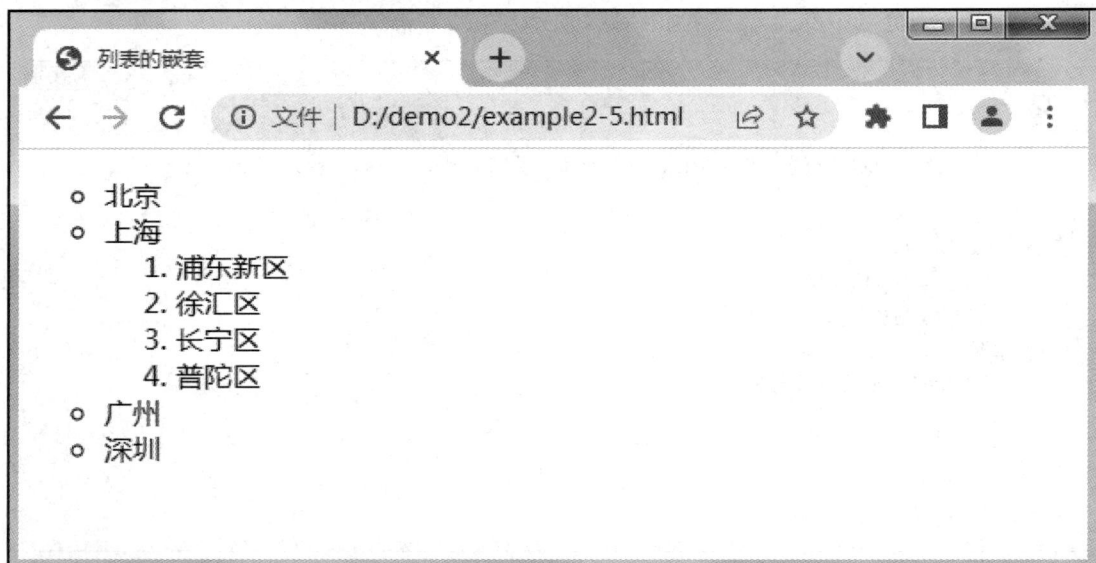

图 2-9　列表嵌套的显示效果

4.1.4　语义块状元素

语义块状元素拥有一定的语义，它能清楚地向浏览器和开发者描述自身意义。例如，语义块状元素 form、table 和 img 能清晰地定义自身内容；div 和 span 是非语义块状元素，就无法提供关于自身内容的信息。

在 HTML5 出现之前，人们习惯将 div 元素作为一个通用的容器，而<div>标签是 HTML

文档分区标签，本身是没有语义的块状元素。

许多网站包含了指示导航、页眉以及页脚的 HTML 代码，例如以下代码：

```
<div id="nav">…</div>
<div class="header">…</div>
<div id="footer">…</div>
```

HTML5 新增了定义网页不同部分的新语义块状元素，常用的语义块状元素标签如表 2-3 所示。

表 2-3　语义块状元素标签

标签名	含　义
<header>	表示网页中一个内容区块或整个网页的标题
<section>	网页中的一个内容区块，比如章节、页眉、页脚或网页的其他部分可以和 h1、h2 等元素结合起来使用，表示文档结构
<article>	表示网页中一块与上下文不相关的独立内容，比如一篇文章
<aside>	表示<article>标签内容之外的、与<article>标签内容相关的辅助信息，可用作文章的侧栏
<hgroup>	表示对整个网页或网页中的一个内容区块的标题进行组合
<figure>	表示一段独立的流内容，一般表示文档主体流内容中的一个独立单元
<figcaption>	定义<figure>标签的标题
<nav>	表示网页中导航链接的部分
<footer>	表示整个网页或网页中一个内容区块的脚注，一般包含创作者的姓名、创作日期以及创作者的联系信息等

传统方式布局与 HTML5 语义块状标签布局的对比如图 2-10 所示。

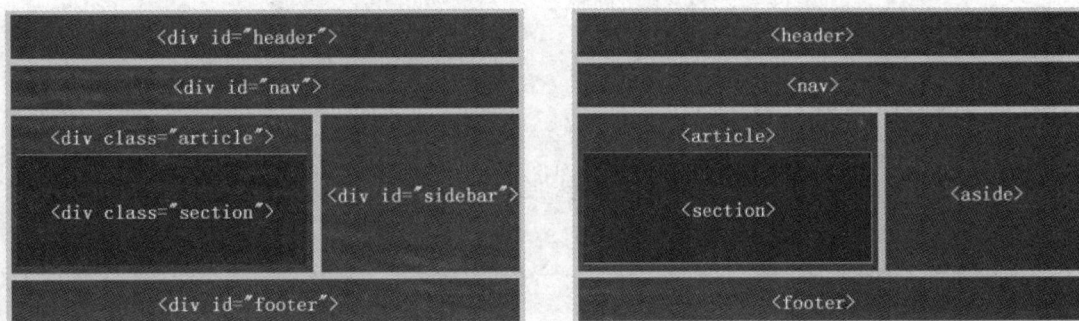

(a) 传统方式布局　　　　　　　　　(b) 语义块状标签布局

图 2-10　传统方式布局与 HTML5 语义块状标签布局的对比

注意：IE9、Firefox、Opera、Chrome 和 Safari 等浏览器支持表的语义块状标签，而 IE8 或更早版本的 IE 浏览器不支持表的语义块状标签。

1. header 元素

HTML5 中的 header 元素是一种具有引导作用的结构元素，该元素可以包含所有放在网页头部的内容，具体语法格式如下：

```
<header>
    <h1>网页主题</h1>
    …
</header>
```

2. nav 元素

nav 元素用于定义导航链接，该元素可以将具有导航性质的链接归纳在一个区域中，使网页元素的语义更加明确。

案例 example2-6.html 演示了 nav 元素的用法，主体代码如下：

```
<nav>
    <ul>
        <li><a href="#">首页</li>
        <li><a href="#">公司概况</li>
        <li><a href="#">产品展示</li>
        <li><a href="#">联系我们</li>
    </ul>
</nav>
```

3. article 元素

article 元素代表文档、网页或者应用程序中与上下文不相关的独立部分，该元素经常被用于定义一篇日志、一条新闻或用户评论等，它通常使用多个 section 元素进行层次划分。一个网页中，article 元素可以多次出现。

案例 example2-7.html 演示了 article 元素的用法，主体代码如下：

```
<body>
    <article>
        <header>
            <h2>第一章</h2>
        </header>
        <section>
            <header>
                <h2>第 1 节</h2>
            </header>
        </section>
        <section>
            <header>
                <h2>第 2 节</h2>
            </header>
        </section>
    </article>
```

```
        <article>
            <header>
                <h2>第二章</h2>
            </header>
        </article>
</body>
```

上述案例代码包含了两个 article 元素，其中第一个 article 元素又包含了一个 header 元素和两个 section 元素。该案例在浏览器中的显示效果如图 2-11 所示。

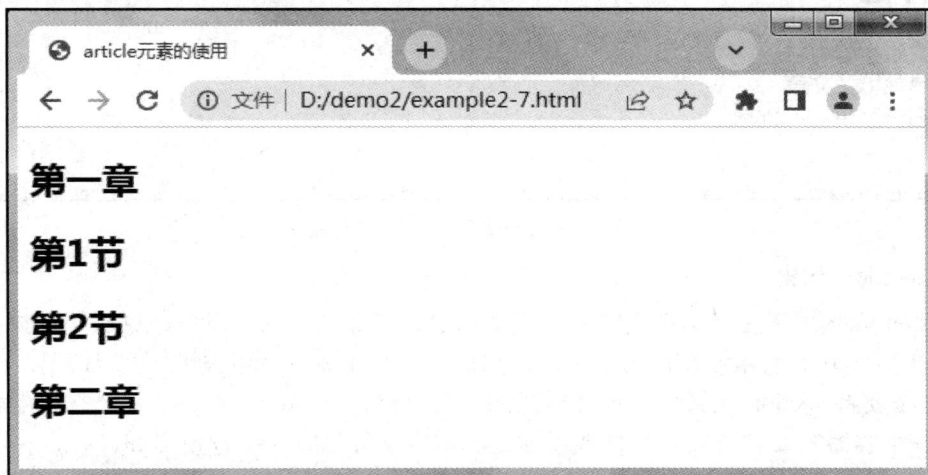

图 2-11　article 元素的显示效果

4. aside 元素

aside 元素用来定义网页内容以外的部分内容，主要包含与当前网页或主要内容相关的引用、侧边栏、广告、导航条等其他类似的有别于主要内容的部分。aside 元素的用法主要有以下两种：

(1) 被包含在 article 元素内，作为主要内容的附属信息；

(2) 在 article 元素之外使用，作为页面或站点全局的附属信息。

案例 example2-8.html 演示了 aside 元素的用法，主体代码如下：

```
<body>
    <article>
        <header>
            <h1>标题</h1>
        </header>
        <section>文章主要内容</section>
        <aside>其他相关文章</aside>
    </article>
    <aside>右侧菜单</aside>
</body>
```

上述案例代码中定义了两个 aside 元素，其中第一个 aside 元素位于 article 元素中，用于添加文章的其他相关信息，第二个 aside 元素用于存放页面的侧边栏内容。该案例在浏览器中的显示效果如图 2-12 所示。

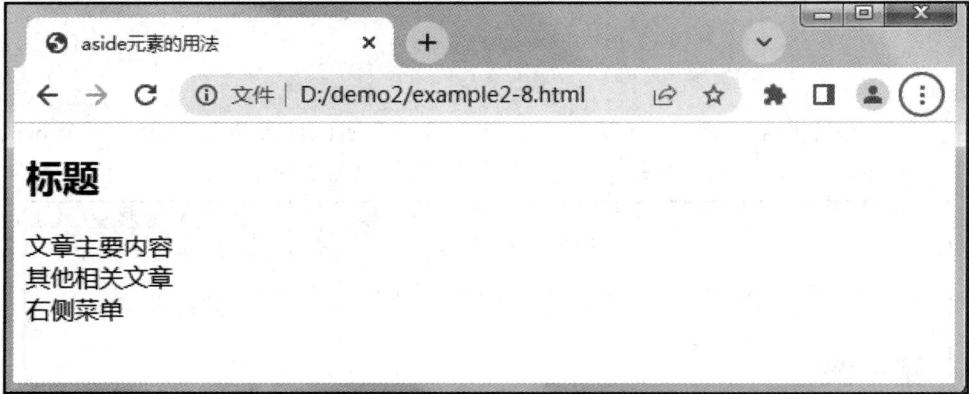

图 2-12　aside 元素的显示效果

5. section 元素

section 元素用来定义文档中的节，即文档的各个部分，例如章节，页眉，页脚或其他部分。一个 section 元素通常由内容和标题组成，在使用 section 元素时需要注意以下三点：

(1) 不要将 section 元素用作设置样式的页面容器，section 元素并非一个普通的容器元素，当一个容器需要被直接定义样式或通过脚本定义行为时，推荐使用 div 元素；

(2) 如果 article 元素、aside 元素或 nav 元素更符合使用条件，那么不推荐使用 section 元素；

(3) 没有标题的内容区块不推荐使用 section 元素定义。

案例 example2-9.html 演示了 section 元素的用法，主体代码如下：

```
<body>
    <section>
        <h1>第 1 节</h1>
        <p>第 1 节内容</p>
    </section>
    <section>
        <h1>第 2 节</h1>
        <p>第 2 节内容</p>
    </section>
    <section>
        <h1>第 3 节</h1>
        <p>第 3 节内容</p>
    </section>
</body>
```

该案例在浏览器中的显示效果如图 2-13 所示。

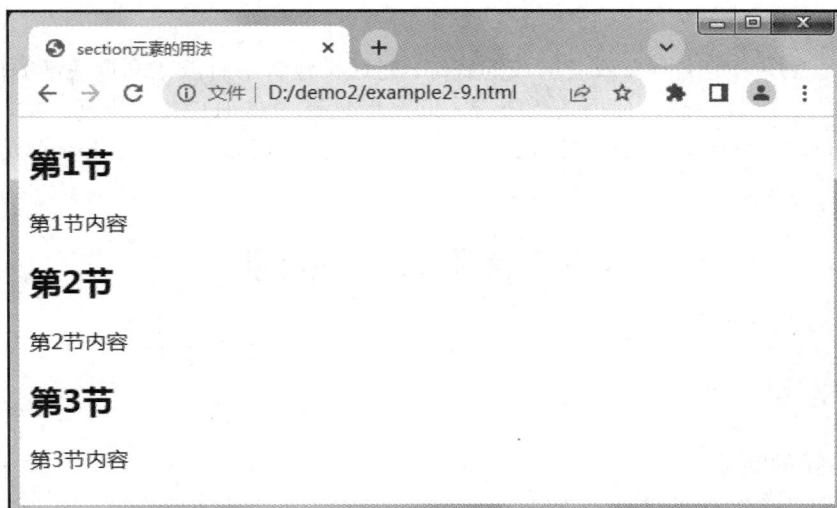

图 2-13　section 元素的显示效果

6. figure 和 figcaption 元素

在书籍和报纸中，与图片搭配的标题很常见，标题的作用是为图片添加简要的说明。在网页中，图片和标题能够被组合在 figure 元素中。

案例 example2-10.html 演示了 figure 元素和 figcaption 元素的用法，主体代码如下：

```
<body>
    <figure>
        <img src="images/img_1.jpg" alt="pic" width="304" height="228">
        <figcaption>学习贯彻党的二十大精神</figcaption>
    </figure>
</body>
```

上述案例代码中，<img>标签定义了图片，<figcaption>标签定义了标题。该案例在浏览器中的显示效果如图 2-14 所示。

图 2-14　figure 和 figcaption 元素的显示效果

7. footer 元素

footer 元素用于定义网页或者区域的底部，它通常包含所有放在网页底部的内容，常包含文档的作者、版权信息、使用条款链接、联系信息等。在 HTML5 出现之前，一般使用 `<div id="footer"></div>` 标记来定义网页底部。一个文档中可以使用多个 footer 元素。

4.2　常用的行内元素

4.2.1　超链接

1. 超链接的定义

超链接也称为超级链接，简称链接。超链接可以是一个字，一个词，一组词，或者一张图片，用户可以单击这些内容，可以跳转到新的文档或者当前文档中的某个部分。

超链接是网站的精髓，它是网页的一部分，几乎可以在所有的网页中找到超链接。只有通过超链接将各个网页链接在一起，才能真正构成一个网站。将鼠标指针移动到网页中的某个超链接上时，箭头会变为一只小手。

超链接主要通过 `<a>` 标签环绕链接对象创建，其语法格式如下：

```
<a href="资源地址" target="打开方式" title="链接提示文字">链接对象</a>
```

其中，`<a>` 表示超链接开始，`</a>` 表示超链接结束；href 属性定义了这个超链接所指的目标地址；target 属性用于指定打开超链接的目标窗口的方式，其属性值如表 2-4 所示。

表 2-4　target 属性值

属性值	含　义
_blank	在新窗口中打开被链接文档
_self	默认值。在相同的框架中打开被链接文档
_parent	在父框架集中打开被链接文档
_top	在整个窗口中打开被链接文档
framename	在指定框架中打开被链接文档

2. 超链接的分类

根据目标的不同，超链接可分为网页超链接、锚点超链接和电子邮件超链接等；根据对象的不同，超链接可分为文字超链接、图片超链接和图片映射等。

3. 超链接的应用

1）创建文字超链接

语法格式如下：

```
<a href="URL">超链接文字</a>
```

2) 创建图片超链接

语法格式如下：

```
<a href="链接地址"><img src="源文件地址"></a>
```

3) 创建电子邮件超链接

网页浏览者可以使用电子邮件超链接将有关信息以电子邮件的形式发送给电子邮件接收者。通常情况下，接收者的电子邮件地址位于网页的底部，其语法格式如下：

```
<a href="mailto:E-mail 地址">超链接文本</a>
```

4) 创建锚点超链接

锚点超链接与链接的文字可以在同一个页面，也可以在不同的页面。通过锚点超链接，可以链接到同一页面不同的地方或不同页面的不同地方。

创建锚点超链接分为两步：先定义锚点，再通过 id 名标注跳转到锚点目标的位置。

定义锚点的语法格式如下：

```
<a name="锚点名称">文字</a>
```
```
或<a id="锚点名称">文字</a>
```

其中，锚点名称就是后面跳转将要对应的锚点，文字则是设置超链接后跳转的位置。

定义锚点超链接的语法格式如下：

```
<a href="#锚点的名称">链接的文字</a>
```

其中，锚点的名称就是刚才定义的锚点名称，也就是 name 的属性值，而#则代表这个锚点的链接地址。

案例 example2-11.html 演示了锚点超链接的用法，主体代码如下：

```
<body>
课程介绍:
    <ul>
        <li><a href="#one">平面广告设计</a></li>
        <li><a href="#two">Web 前端</a></li>
        <li><a href="#three">电商视觉设计</a></li>
        <li><a href="#four">用户界面(UI)设计</a></li>
        <li><a href="#five">JavaScript 与 JQuery 网页特效</a></li>
    </ul>
    <h3 id="one">平面广告设计</h3>
    <p>课程涵盖 Photoshop 图像处理、Illustrator 图形设计、平面广告创意设计、字体设计与标志设计。</p>
    <br /><br /><br /><br /><br /><br /><br /><br /><br /><br /><br /><br /><br /><br />
    <h3 id="two">Web 前端</h3>
    <p>课程涵盖 DIV+CSS 实现 Web 标准布局、网页版式构图与设计技巧、网页配色理论与技巧。</p>
    <br /><br /><br /><br /><br /><br /><br /><br /><br /><br /><br /><br />
    <h3 id="three">电商视觉设计</h3>
    <p>课程涵盖 Photoshop 图像处理、拍摄剪辑、电商全案、三维设计等。</p>
    <br /><br /><br /><br /><br /><br /><br /><br /><br /><br /><br /><br /><br />
```

```
    <h3 id="four">用户界面(UI)设计</h3>
    <p>课程涵盖实用美术基础、手绘基础造型、图标设计与实战演练、界面设计与实战演练。</p>
    <br /><br /><br /><br /><br /><br /><br /><br /><br /><br /><br /><br /><br /><br />
    <h3 id="five">JavaScript 与 JQuery 网页特效</h3>
    <p>课程涵盖 JavaScript 编程基础、JavaScript 网页特效制作、JQuery 编程基础、JQuery 网页特
        效制作。</p>
</body>
```

该案例在浏览器中的显示效果如图 2-15 所示。

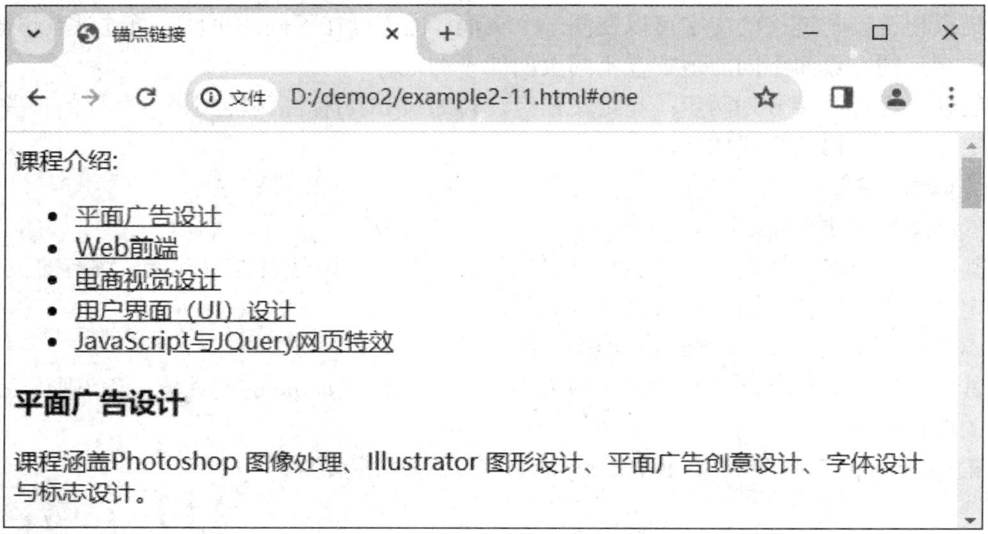

图 2-15　锚点链接的显示效果

5) 创建图片映射

将图片划分成不同的区域进行超链接设置称为图片映射。这些不同的区域被称为热区，每个热区都对应一个超链接。包含热区的图片被称为影像地图。

用户可以在图片文件中映射图片名称，也可以使用 usemap 属性添加图片要引用的映射图片的名称，其语法格式如下：

```
<img src="图片地址" usemap="#影像地图名称">
<map name="影像地图名称">
    <area shape="热区形状" coords="热区坐标" href="链接地址"/>
</map>
```

<area>标签定义了热区的位置和链接的目标。其中，shape 属性用来定义热区形状，属性值分别为 rect(矩形)、circle(圆形)、poly(多边形)；coords 属性用来设置热区坐标。shape 属性与 coords 属性配合，可以规定热区的尺寸、形状和位置。例如，如果将 shape 属性设置为 rect，则可以将 coords 属性设置为 x1、y1、x2、y2 来规定矩形左上角和右下角的坐标；如果将 shape 属性设置为 circle，则可以将 coords 属性设置为 x、y、radius 来规定圆心的坐标和半径；如果将 shape 属性设置为 poly，则可以将 coords 属性设置为 x1、y1、x2、y2……

x*n*、y*n* 来规定多边形各顶点的值，如果第一个坐标和最后一个坐标不一致，为了封闭多边形，浏览器必须添加最后一对坐标。

4.2.2　通用行内元素 span

span 元素是通用行内元素，可以将其理解为行内元素里面的 div 元素。它的作用在网页效果上不明显，好像只是在需要显示的文字外面加了一对<span>标签而已。但是，通过 id 属性、style 属性、class 属性设置和 JavaScript，可以改变 span 元素内容的排版布局，其语法格式如下：

<span>文本和其他内联元素</span>

它有以下特点：

(1) <span>标签没有特定的含义，可用作文本的容器，用来组合文档中的行内元素；

(2) 当与 CSS 一起使用时，span 元素可为部分文本设置样式属性；

(3) <span>标签只能包含文本和其他内联元素，不能将块状元素放入其中。

4.2.3　图片元素 img

在网页中经常需要插入图片，使网页更加美观，表达更加清晰、准确。图片元素本质是行内元素，有块状元素的特点。

1. 图片标签的定义和属性

插入图片在 HTML 中是由<img>标签定义的,通过该标签可以导入需要显示的图片。<img>是单标签，它只包含属性，没有结束标签，要记得在"＞"结束符号前加"/"自封口。从技术上讲，图片并不是插入到网页中的，而是链接到网页中的，<img>标签的作用是为被引用的图片创建占位符。<img>标签在网页中很常用，可以用它引入 Logo 图片、按钮背景图、工具图等，其语法格式如下：

<img src="被引用图片的地址" alt="图片的代替文本"/>

<img>标签的属性如表 2-5 所示。

表 2-5　<img>标签的属性

属性	属性值	含　　义
src	URL	图片的地址
alt	文本	图片不能显示时的文本
title	文本	鼠标指针悬停时显示的内容
width	像素(支持百分比)	设置图片的宽度
height	像素(支持百分比)	设置图片的高度
border	数字	不推荐使用。定义图片周围的边框
vspace	像素	不推荐使用。定义图片顶部和底部的空白
hspace	像素	不推荐使用。定义图片左侧和右侧的空白
align	left、right、top、middle、bottom	不推荐使用。规定如何根据周围的文本来排列图片

1）图片标签的必要属性 src、alt

src 属性用来指定需要嵌入网页中的图片地址，既可以使用相对地址，也可以使用绝对地址，还可以使用互联网上的一个远程地址(一定要保证地址正确)。网页运行时，浏览器会根据这个地址找到图片文件并将其显示出来，如果地址不正确，图片就无法显示。

alt 属性用来规定图片的替代文本，当图片不显示时，将显示该文本内容。搜索引擎会读取该文本内容作为图片信息，因此搜索引擎优化时需要用到该属性。

2）图片标签的宽度和高度属性 width、height

width 和 height 属性用来定义图片的宽度和高度。通常情况下，图片在插入时，会按原始尺寸显示，想要修改图片的大小，可以通过 width 和 height 属性来设置，width 和 height 属性值可以任意设置，默认单位是像素(px)。如果希望图片成比例缩放的话，可以只设置 width 或只设置 height 属性，这样另一个属性值会成比例缩放。如果同时设置两个属性，且其比例和原图大小的比例不一致，显示的图片就会变形。

3）图片标签的表框属性 border

默认情况下，图片是没有边框的，通过 border 属性可以为图片添加边框、设置边框的宽度。

4）图片标签的边距属性 vspace、hspace

在网页中，由于排版需要，有时候还需要调整图片的边距。在 HTML5 中，通过 vspace 和 hspace 属性可以分别调整图片的垂直边距和水平边距。

5）图片标签的对齐属性 align

图文混排是网页中很常见的效果，默认情况下图片的底部会与第一行文字对齐。但是在制作网页时，需要经常实现图片和文字环绕效果，例如左图右文，这就需要使用图片标签的对齐属性 align。

注意，实际制作中并不建议直接使用图片标签<img>的 border、vspace、hspace 及 align 属性，可用 CSS 样式替代。装饰性的图片也不建议直接使用<img>标签插入，最好通过 CSS 设置背景图片来实现。另外，可以设置图片的浮动属性，使文字可以在图片一侧显示。浮动属性是 CSS 样式中的一个属性，可以通过 style 属性设置。设置浮动效果后，文字会和图片顶端对齐，自动换行则出现在图片的一侧。如果图片的 style 属性设置为 float;left;，那么图片靠右侧浮动，文字出现在图片的右侧；如果设置为 float;right;，那么图片靠右浮动，文字出现在图片的右侧。

在<img>标签中还可以添加 JS 事件。案例 example2-12.html 演示了在<img>标签中添加了单击事件 onclick，实现单击图片时，弹出文字说明的效果，主体代码如下：

```
<body>
    <img src="images/logo.png" alt="这是 logo 图" onclick=alert("这是一张图片")>
</body>
```

该案例在浏览器中的显示效果如图 2-16 所示。

图 2-16　在<img>标签中添加 JS 事件的显示效果

2. 常用的图片格式

不同的图片，其格式特性也不一样，使用场合也有所不同。以下是网页中常用的几种图片格式。

1) JPEG(JPG)

JPEG 图片支持的颜色比较多，图片可以压缩，但是不支持透明效果，一般用来保存照片等颜色丰富的图片。

2) GIF

GIF 图片支持的颜色少，只支持简单的透明效果。当需要使用颜色单一的动态图片时，可以使用 GIF 图片。

3) PNG

PNG 图片支持的颜色多，并且支持复杂的透明效果，但不支持动图，可以用来显示颜色复杂的透明图片，它是专为网页而生的。

4) WEBP

WEBP 是谷歌新推出的专门用来表示网页图片的一种格式，它具有其他图片格式的所有优点，而且文件还很小，缺点是兼容性不够好。

在使用图片的时候，具体使用哪种格式的图片应遵循以下两个原则：第一，当效果不一致时，使用效果好的；第二，当效果一致时，使用小的。

3. 绝对路径和相对路径

1) 绝对路径

绝对路径就是主页上的文件路径，或目录在硬盘上的真正路径，或网址，如 "C:/website/img/photo.jpg"。如果用户使用此绝对路径，那么确实可以在指定的位置(即 C:/website/img/photo.jpg)找到 photo.jpg 文件。

百度的 Logo 图片的网址是 "https://www.baidu.com/img/bd_logo1.png"，这就是一个绝

对路径。

2) 相对路径

相对路径是以当前文件所在路径为起点，进行相对当前文件查找的路径。

如果要链接到同一目录下的文件，只需要输入要链接文件的名称。如果要链接到下级目录中的文件，只需先输入目录名，然后输入"/"符号，再输入文件名。如果要链接到上一级目录中的文件，则先输入"../"，再输入文件名。

相对路径举例如表 2-6 所示。

<center>表 2-6　相对路径举例</center>

相对路径名	含　义
href="a.jpg"	a.jpg 是本地当前路径中的文件
href="img/a.jpg"	a.jpg 是本地路径下 img 子目录中的文件
href="../a.jpg"	a.jpg 是本地当前目录的上一级目录中的文件
href="../../a.jpg"	a.jpg 是本地当前目录的上两级目录中的文件

4.2.4　文本格式化元素

在网页中，有时需要为文字设置粗体、斜体或下画线效果，这时就需要用到 HTML5 中的文本格式化元素，使文字以特殊的方式显示。文本格式化元素包括 b 元素、i 元素、em 元素、strong 元素、sup 元素、sub 元素、mark 元素和 br 元素等，它们用于设置网页中的文字格式效果。

(1) b：定义粗体文本。该元素可以指定 id、class、style 等核心属性，还可以指定 onclick 等各种事件属性。

(2) i：定义斜体文本。该元素可以指定 id、class、style 等核心属性，还可以指定 onclick 等各种事件属性。

(3) em：定义强调文本，实际效果与斜体文本差不多。该元素可以指定 id、class、style 等核心属性，还可以指定 onclick 等各种事件属性。

(4) strong：定义粗体文本。该元素与<b>标签的作用和用法基本相同。用该元素包起来的文本在 HTML5 中代表重要的文本。

(5) sup：定义上标文本。

(6) sub：定义下标文本。

(7) mark：定义带有记号的文本。

(8) br：是一个空元素，起到换行的作用。

以上文本格式化元素均可使用<span>标签配合 CSS 样式替代。

案例 example2-13.html 演示了部分文本格式化元素的用法，主体代码如下：

```
<body>
    <p>我是正常显示的文本</p>
    <p><b>我是使用 b 标签定义的加粗文本</b></p>
    <p><strong>我是使用 strong 标签定义的强调文本</strong></p>
```

```
        <p><i>我是使用 i 标签定义的倾斜文本</i></p>
        <p><em>我是使用 em 标签定义的强调文本</em></p>
        <p><sup>上标文字</sup>正常文字<sub>下标文字</sub></p>
        <p><mark>我是使用 del 标签定义的删除线文本</mark></p>
</body>
```

该案例在浏览器中的显示效果如图 2-17 所示。

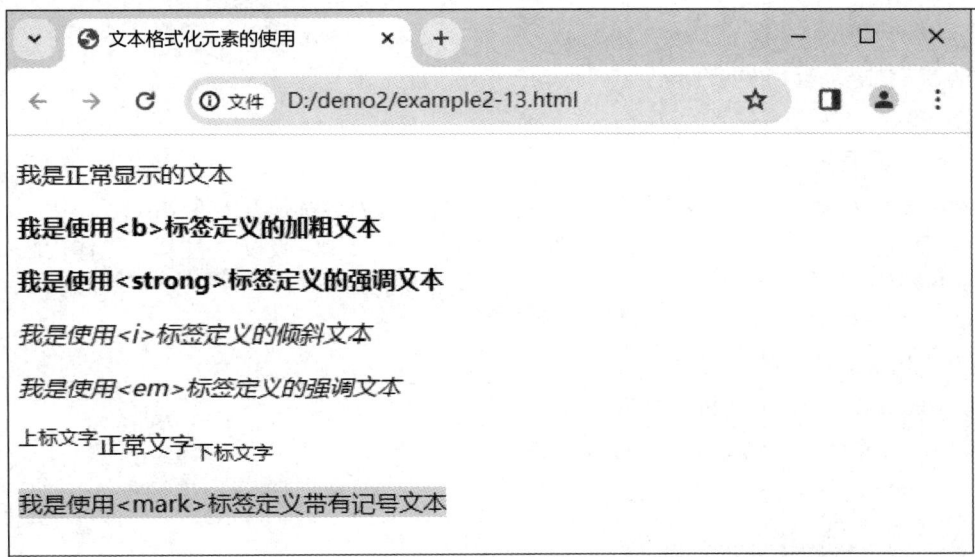

图 2-17　文本格式化元素的显示效果

4.3　任 务 实 现

1. 创建项目

启动 Sublime Text，打开项目 2 的文件夹 demo2，在项目文件夹中建立 xxdt.html 文件和 images 文件夹。

2. 快速生成 HTML5 文档

打开项目 2 任务 4 的 xxdt.html 文件，用键盘输入"!"后按 Ctrl + E 键或 Tab 键，可快速生成 HTML5 文档结构，主体代码如下：

```
<!DOCTYPE html>
<html lang="en">
<head>
    <meta charset="UTF-8" />
    <title>Document</title>
</head>
<body>
```

```
</body>
</html>
```

3. 输入 xxzl.html 文件的头部内容

在<title></title>之间输入文字"学习动态",为网页设置文档标题,头部代码如下:

```
<head>
    <meta charset="UTF-8" />
    <title>学习动态</title>
</head>
```

4. 输入页面内容

在<body></body>之间输入网页内容,网页中的所有内容都放在一个 div 元素中,分为四个部分,分别是用<!--banner-->、<!--导航-->、<!--内容-->、<!--版权-->注释,主体代码如下:

```
<body>
<div>
    <!-- banner -->
    <header>
        <img src="images/banner.jpg" alt="">
    </header>
    <!--导航-->
    <nav>
        <ul>
            <li><a href="index.html">专题首页</a></li>
            <li><a href="xxzl.html">学习资料</a></li>
            <li><a href="#">学习研讨</a></li>
            <li><a href="xxdt.html">学习动态</a></li>
            <li><a href="#">在线留言</a></li>
            <li><a href="#">学习光影</a></li>
        </ul>
    </nav>
    <!--内容-->
    <div>
        <div>
            <span>当前位置:</span><a href="index.html">首页</a>&gt;&gt;<a href="xxdt.html">学
            习动态</a>&gt;&gt;正文
        </div>
        <h1>信息工程学院党总支开展党的二十大精神宣讲暨入党申请人集体谈话</h1>
        <h5>时间:2023-04-18 点击数:14</h5>
        <p>为学习宣传贯彻党的二十大精神,做好入党申请人的教育培养工作,3 月 30 日晚,信
```

息工程学院党总支在报告厅开展党的二十大精神宣讲暨入党申请人集体谈话，活动由信息工程学院党总支组织委员姚玲洁主持。信息工程学院学生管理负责人熊雪军以"牢牢把握习近平新时代中国特色社会主义思想的世界观和方法论"为主题开展党的二十大精神宣讲。他围绕"六个必须坚持"进行详细阐述，激励同学们要自觉把党的二十大精神转化为思想、学习、工作等方面发展的强劲动力，勇毅前行，踔厉奋发，笃行不怠。学生党支部书记罗缔详细讲解了入党流程以及在入党过程中的注意事项，进一步提高了大家对入党的认识，端正了大家的入党动机。</p>

　　　　　　　<p>入党积极分子代表光伏 211 班谢勇辉做了发言。他表示，要在学习工作中积极贡献自身力量，以实际行动向党组织靠拢。入党申请人代表网络 227 班李清红做了发言。她表示，要在思想和行动上始终同党中央保持一致，脚踏实地，严格要求自己，切实发挥模范带头作用。</p>

　　　　　　　<p>最后，信息工程学院党总支书记陈立对入党申请人提出三点要求：一是要端正入党动机，争做新时代有为青年；二是要自觉加强学习，用党的理论武装头脑；三是要主动发挥作用，用实际行动向党组织靠拢。</p>

```
            <div>
                <img alt="" src="images/img_1.jpg">
            </div>
            <p>(供稿：王礼琴 唐雅星；编辑：辛国盛)</p>
        </div>
        <!--版权-->
        <footer>
            <p>Copyright&copy;2022-2025</p>
            <p>江西工业工程职业技术学院信息工程学院软件教研室版权所有</p>
        </footer>
    </div>
</body>
```

保存代码内容后，在浏览器中的显示效果如图 2-4 所示。至此，任务 4 全部完成。

任务5 制作"在线留言"子页

知识目标

(1) 理解表单的工作原理。
(2) 掌握表单相关标签及属性的用法。
(3) 掌握表单及表单元素的用法。

能力目标

(1) 能够制作出符合网站需求的各种表单页面。
(2) 能够创建具有相应功能的表单元素。
(3) 能够灵活运用常用的表单元素。

素质目标

(1) 培养自主学习和解决问题的能力。
(2) 培养精益求精的工匠精神。
(3) 培养严谨的编程习惯。

任务描述

在 HTML 网页中，表单是非常重要的内容。常见的表单元素有文本框、单选按钮、复选框、按钮等。本任务通过制作"在线留言"子页，帮助读者学习 HTML 表单的构建，常用表单相关元素及属性的用法。任务 5 子页完成效果如图 2-18 所示。

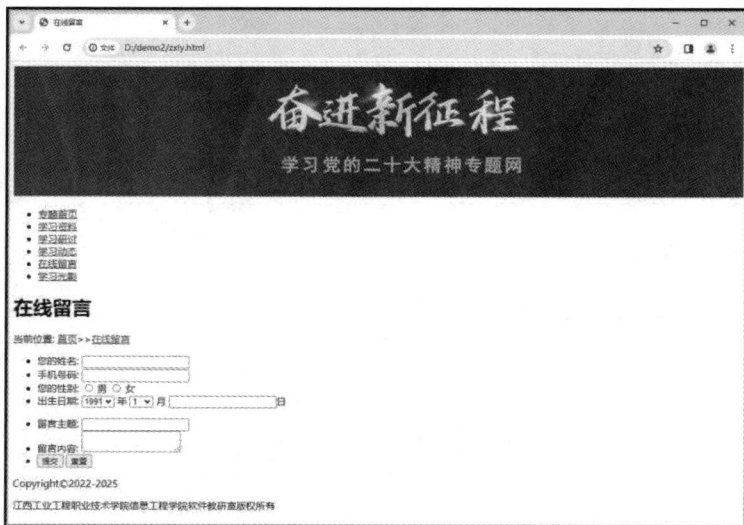

图 2-18 "在线留言"子页完成效果

5.1　表单及其相关元素

5.1.1　表单的基本概念

表单用来收集用户的信息和反馈意见，是网站管理者与浏览者之间沟通的桥梁。例如，用户在网页上进行注册、登录和留言等操作时，都是通过表单向网站数据库提交或读取数据的。用户填写完注册信息并单击"提交"按钮后，程序将表单内容从客户端浏览器传送到服务器端，由服务器上的程序进行相应处理后，再把反馈信息传送到客户端浏览器，从而实现客户端和服务器端的交互。由此可见，表单在网页制作中占有非常重要的地位。

表单的创建一般需要三个步骤：

(1) 确定表单的目的和内容，即决定表单需要搜集用户的哪些数据；

(2) 建立表单，根据第一步的要求选择合适的表单元素控件来创建表单；

(3) 设计表单处理程序，即接收表单提交的数据并进一步处理数据(通常由 ASP.NET、JSP、PHP 等技术实现)。

一个表单有三个基本组成部分：表单标签、表单元素、表单按钮，如图 2-19 所示。

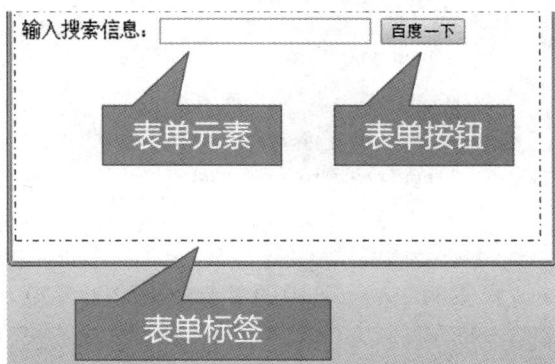

图 2-19　表单的基本组成部分

本书不涉及网站后台程序开发以及数据库知识，这里只对表单标签的结构和用法进行讲解。

1. 表单标签<form>

表单是一个包含表单元素的容器，可以使用<form>标签在网页中创建表单。表单标签包含处理表单数据所用 CGI 程序的 URL，以及将数据提交到服务器的方法，其语法格式如下：

```
<form action="url" method="get|post" name="value">
…
</form>
```

2. 表单相关属性

(1) action 属性：定义提交表单时要执行的操作。属性值可以是一个 URL 或一个电子邮件地址。通常，当用户单击"提交"按钮时，表单数据将发送到服务器上的文件中，该文件包含处理表单数据的服务器端脚本。

(2) method 属性：指定提交表单数据时要使用的 HTTP 方法。属性值可以是 get 或者 post，get 是默认值。使用 get 方法提交表单数据时，表单发送的信息对任何人都是可见的(所有变量名和值都显示在 URL 中)。由于变量显示在 URL 中，因此把网页添加到书签中也更为方便。另外，get 方法对所发送信息的数量有限制。在使用 get 方法发送表单数据时，URL的长度应该限制在 1 MB 字符以内。如果发送的数据量太大，数据将被截断，从而导致意外或失败的处理结果。因此，get 方法常用于传送少量和非敏感的数据。使用 post 方法从表单发送的信息对其他人是不可见的(所有名称/值会被嵌入 HTTP 请求的主体中)，并且对所发送信息的数量也无限制。不过，由于变量未显示在 URL 中，因此也就无法将网页添加到书签中。post 方法适用于传送需要保密的或较大量的数据。

(3) name 属性：用于指定表单的名称，以区分同一个网页中的多个表单。

案例 example2-14.html 演示了表单的创建过程，主体代码如下：

```
<body>
<form action="http://localhost/action.php" method="post">
    <!--表单域-->
    账号：                              <!--提示信息-->
    <input type="text" name="zhanghao" />        <!--表单控件-->
    密码：                              <!--提示信息-->
    <input type="password" name="pwd" />         <!--表单控件-->
    <input type="submit" value="提交"/>          <!--表单控件-->
</form>
</body>
```

该案例在浏览器中的显示效果如图 2-20 所示。

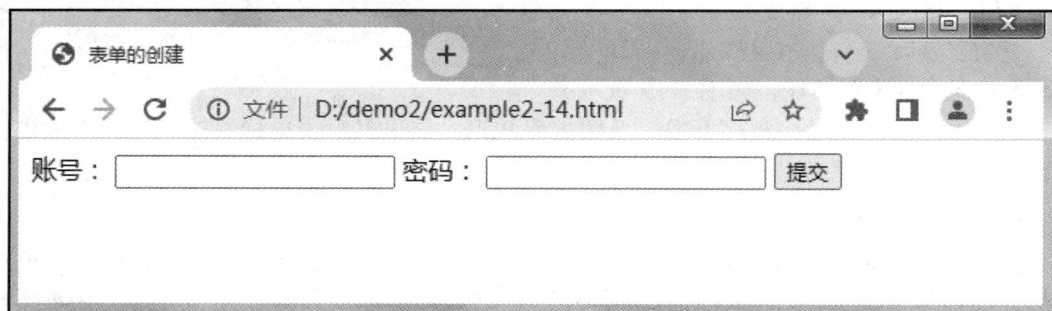

图 2-20　表单的创建显示效果

5.1.2　常用的表单元素

表单元素即表单域，也叫表单控件，包括输入框、"选择"表单元素和"文本域"表单元素等。

1. 输入框

输入框是最重要的表单元素，它有多种形态，通过<input>标签的 type 属性区分。常用的输入框有以下几种。

1) 单行文本输入框

单行文本输入框允许用户输入一些简短的单行信息，如用户姓名，其语法格式如下：

```
<input type="text"name="name" maxlength="value" size="value"value="text"/>
```

其中，type="text"定义单行文本输入框；name 属性定义文本框的名称，要保证数据的准确采集；maxlength 属性定义单行文本框可以输入的最大字符数；size 属性定义单行文本框可显示的最大字符数；value 属性定义文本框的初始值。

2) 密码输入框

密码输入框主要用于保密信息的输入，当用户输入内容的时候，显示的不是输入的内容，而是"*"号，其语法格式如下：

```
<input type="password" name="name" maxlength="value" size="value"/>
```

其中，type="password"定义密码框；name、maxlength、size 这三个属性与单行文本输入框是一样的。

3) 单选按钮

单选按钮用于单项选择，例如选择性别等，其语法格式如下：

```
<input type="radio" name="field_name" value="value" checked/>
```

其中，type="radio"定义单选按钮；同一组中的选项指定相同的 name 值，这样"单选"才会生效；value 属性与单行文本输入框一样；此外，还可以对单选按钮应用 checked 属性来指定默认的选中项。

4) 复选框

复选框允许用户在一组选项中选择多个，例如问卷调查中的多选，或者选择兴趣爱好等，其语法格式如下：

```
<input type="checkbox" name="name" value="value" checked/>
```

其中，type="checkbox"定义复选框；同一组中的选项指定相同的 name 值，这样复选才会生效；value 属性与单行文本输入框一样；此外，还可以对复选选项应用 checked 属性来指定默认选中项。

5) 隐藏域

隐藏域对于用户是不可见的，主要在后台编程时使用，其语法格式如下：

```
<input type="hidden" name="name" value="value"/>
```

6) 文件域

文件域是选择文件并上传文件的表单元素，其语法格式如下：

```
<input type="file" name="name"/>
```

案例 example2-15.html 演示了 input 元素的部分用法，主体代码如下：

```
<body>
<form action="#" method="post">
    用户账号：
    <!--text 单行文本输入框-->
    <input type="text"/><br /><br />
    用户密码：
    <!--password 密码输入框-->
    <input type="password" /><br /><br />
```

```
    用户性别:
    <!--radio 单选按钮-->
    <input type="radio" name="sex" checked="checked" />男
    <input type="radio" name="sex" />女<br /><br />
    兴趣:
    <!--checkbox 复选框-->
    <input type="checkbox" />唱歌
    <input type="checkbox" />跳舞
    <input type="checkbox" />游泳<br /><br />
    上传头像:
    <!--file 文件域-->
    <input type="file" /><br /><br />
    <!--hidden 隐藏域-->
    <input type="hidden" />
</form>
</body>
```

该案例在浏览器中的显示效果如图 2-21 所示。

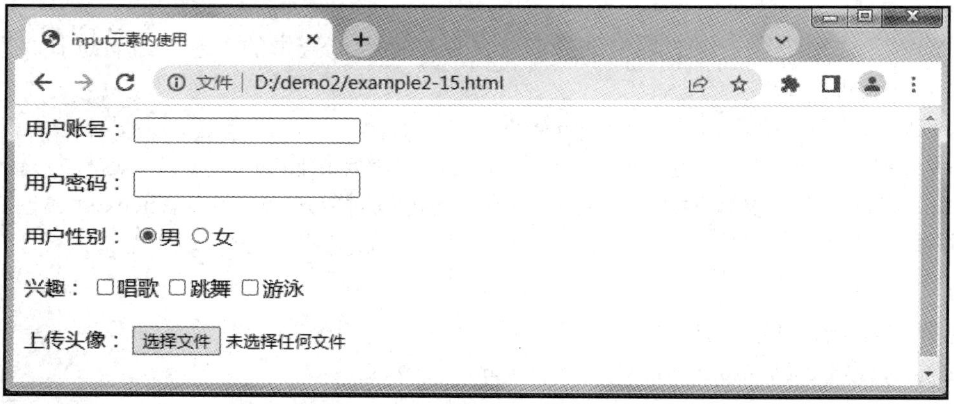

图 2-21　input 元素的显示效果

7）email 类型

email 类型的 input 元素是一种专门用于输入电子邮件地址的文本输入框，可以用来验证 email 输入框的内容是否符合 email 邮件地址格式。如果不符合，将提示相应的错误信息。在 email 输入框中输入的内容必须包含@，且@后必须有内容才满足验证规则，其语法格式如下：

```
<input type="email" />
```

8）url 类型

url 类型的 input 元素是一种用于输入 URL 的文本框。如果输入的内容是 URL 格式的文本，则会提交数据到服务器；如果输入的内容不符合 URL 地址格式，则不允许提交，并且会有提示信息。这里的网址和我们平时输入的网址不同，前面必须加上网络协议，即 http:// 或者 https://，其语法格式如下：

```
<input type="url" />
```

9) tel 类型

tel 类型的 input 元素是输入电话号码的文本框。由于电话号码的格式千差万别，很难有一个通用的格式，因此 tel 类型通常会和 pattern 属性配合使用。pattern 属性值是一个正则表达式，其语法格式如下：

```
<input type="tel" pattern="正则表达式"/>
```

10) search 类型

search 类型的 input 元素是一种专门用于输入搜索关键词的文本框，它能自动记录一些字符，例如站点搜索或者 Google 搜索。在用户输入内容后，其右侧会附带一个删除图标，单击这个图标，可以快速清除内容，其语法格式如下：

```
<input type="search" />
```

11) color 类型

color 类型的 input 元素是提供设置颜色的文本框，用于实现 RGB 颜色输入，其基本形式是#RRGGBB，默认值为#000000。通过 value 属性值，可以更改默认颜色，单击 color 类型文本框，可以快速打开拾色器面板，方便用户可视化选取一种颜色，其语法格式如下：

```
<input type="color" value="value" />
```

案例 example2-16.html 演示了不同类型的文本框的用法，主体代码如下：

```
<body>
<form action="#" method="get">
    请输入您的邮箱：<input type="email" name="formmail"/><br/>
    请输入个人网址：<input type="url" name="user_url"/><br/>
    请输入电话号码：<input type="tel" name="telphone" pattern="^\d{11}$"/><br/>
    输入搜索关键词：<input type="search" name="searchinfo"/><br/>
    请选取一种颜色：<input type="color" name="color1"/>
    <input type="color" name="color2" value="#FF3E96"/>
    <input type="submit" value="提交"/>
</form>
</body>
```

该案例在浏览器中的显示效果如图 2-22 所示。

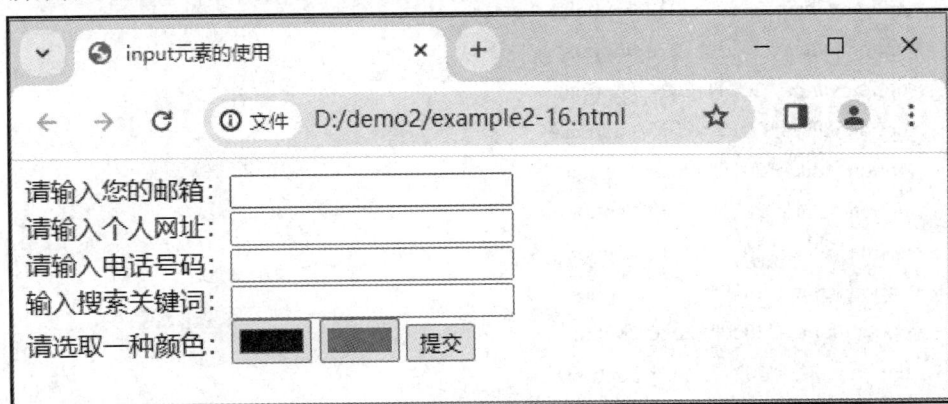

图 2-22　input 元素的显示效果

2."选择"表单元素

如果要选择的选项过多，使用单选按钮或者复选框会铺放很多选项，造成网页显示效果不好，这个时候可以使用选择菜单。选择菜单能提供很多选项，是一种比较方便的方法。

"选择"表单元素是由<select>、<option>标签来定义的。通过<select>和<option>标签可以设计网页中的下拉列表框和列表框效果。其中，<select>标签用来定义下拉列表；<option>标签用来定义列表选项，下拉列表有多少个选项，就需要多少个<option>标签。其语法格式如下：

```
<select name="name" size="value" multiple>
        <option value="value" selected>选项 1</option>
        <option value="value">选项 2</option>
        …
</select>
```

<select>和<option>标签的属性如表 2-7 所示。

表 2-7　<select>和<option>标签的属性

属性	含　义
name	菜单和列表的名称
size	显示选项的数目，当 size 为 1 时，为下拉列表框控件
multiple	列表中的项目多选，用户可以用 Ctrl 键来实现多选
value	选项值
selected	默认选项

案例 example2-17.html 演示了<select>和<option>标签的用法，主体代码如下：

```
<body>
出生年月：
<select   name="year" size="1">
    <option value="">请选择年份</option>
    <option value="2011">2011</option>
    <option value="2012">2012</option>
    <option value="2013">2013</option>
    <option value="2014">2014</option>
    <option value="2015">2015</option>
    <option value="2016">2016</option>
    <option value="2017">2017</option>
    <option value="2018">2018</option>
    <option value="2019">2019</option>
    <option value="2020">2020</option>
    <option value="2021">2021</option>
    <option value="2022">2022</option>
```

```
        <option value="2023">2023</option>
    </select>年
    <select name="month" size="1">
        <option selected="selected">请选择月份：</option>
        <option value="1">1</option>
        <option value="2">2</option>
        <option value="3">3</option>
        <option value="4">4</option>
        <option value="5">5</option>
        <option value="6">6</option>
        <option value="7">7</option>
        <option value="8">8</option>
        <option value="9">9</option>
        <option value="10">10</option>
        <option value="11">11</option>
        <option value="12">12</option>
    </select>月
</body>
```

该案例在浏览器中的显示效果如图 2-23 所示。

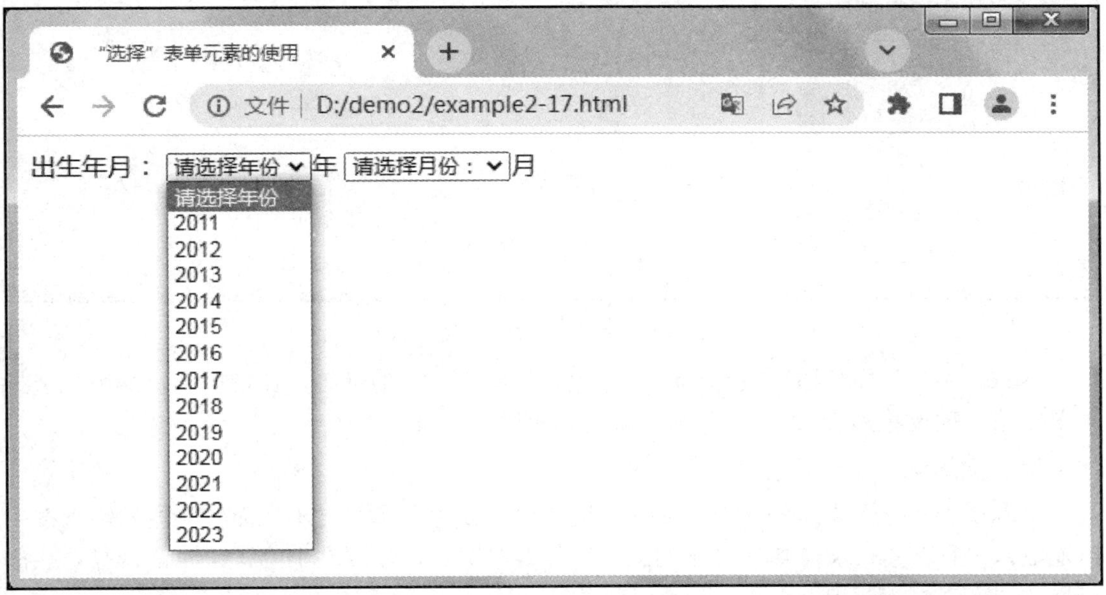

图 2-23 "选择"表单元素的显示结果(1)

修改案例 example2-17.html 的代码，设置<select>标签的 size 属性不为 1，加上 multiple 属性，代码如下：

```
<body>
出生年月：
```

```
<select   name="year" size="12"multiple>
    <option value="">请选择年份</option>
    <option value="2011">2011</option>
    ...
</select>年
<select name="month" size="12"multiple>
    <option selected="selected">请选择月份：</option>
    <option value="1">1</option>
    ...
</select>月
</body>
```

修改后的代码在浏览器中的显示效果如图 2-24 所示。

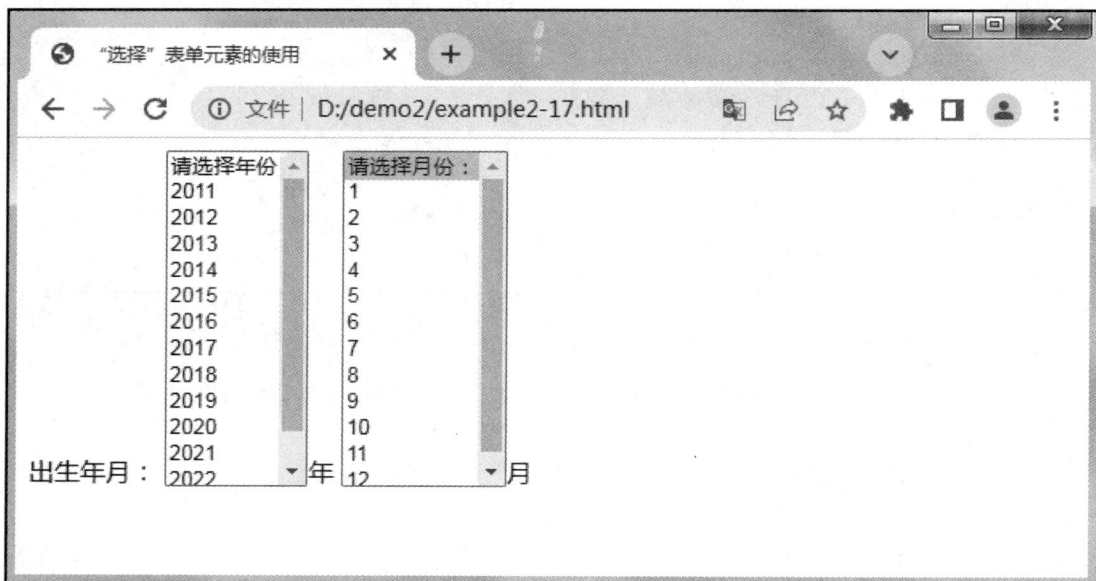

图 2-24 "选择"表单元素的显示结果(2)

<select>标签里面只能嵌套<option>标签，不能嵌套其他标签。在使用时，一般把选择菜单的第一项设置为"请选择"，第二项设置为默认选项。

3. "文本域"表单元素

文本域表示一个文本的区域，在这个区域中可以输入多行文本，而在普通的输入框中只能输入单行文本。文本域中文本的默认字体是等宽字体，网站中的评论、留言等功能都可以使用文本域来实现。

"文本域"表单元素用<textarea>标签来定义，其语法格式如下：

```
<textarea name="textfield_name" cols="value" rows="value" wrap="soft|hard">
    ...
</textarea>
```

<textarea>标签的属性如表 2-8 所示。

表 2-8　<textarea>标签的属性

属性	含　　义
name	输入框的名称
rows	显示选项的数目，当 size 为 1 时，为下拉列表框控件
cols	列表中的项目多选，用户可以用 Ctrl 键来实现多选
wrap	当使用默认值 soft 时，文本域中的文本不换行；当值为 hard 时，文本域中的文本换行。当包括换行符时，必须规定 cols 属性

案例 example2-18.html 演示了"文本域"表单元素的用法，主体代码如下：

```
<body>
个人简介：
<textarea name="description" cols="30" rows="10">
    此处描述信息
</textarea>
</body>
```

该案例在浏览器中的显示效果如图 2-25 所示。

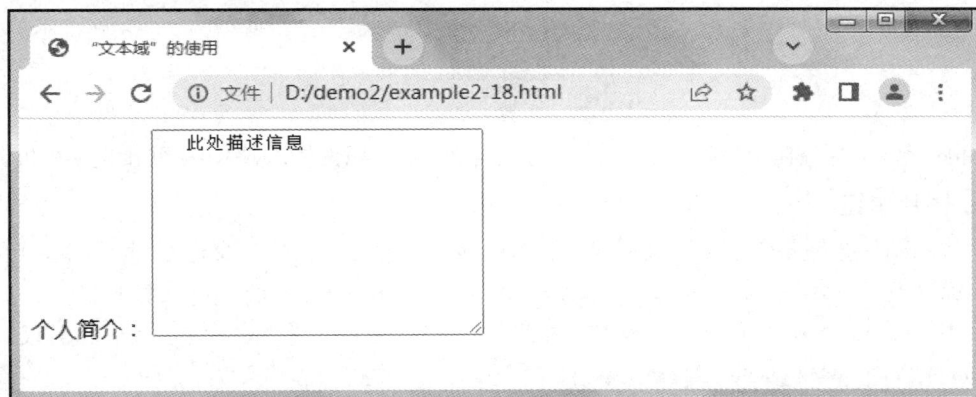

图 2-25　"文本域"表单元素的显示结果

5.1.3　表单按钮

从本质上讲，表单按钮也是表单元素，之所以把它分离出来单独介绍，是因为它的功能比较特别。提交按钮用于把表单数据发送到服务器，重置按钮用于重置整个表单的数据，普通按钮则需要开发者赋予它功能。当用户单击提交按钮和重置按钮时，就有默认的动作发生，一般不需要再单独为它们添加动作，而普通按钮则必须加上指定的动作，并通过相应的事件来触发，否则单击普通按钮时什么也不会发生。

1. 提交按钮

提交按钮是定义提交表单数据至表单处理程序的按钮，其语法格式如下：

```
<input type="submit"name="..." value="..."/ >
```

例如以下代码：

```
<input type="submit" value="立即购买"/>
```

在浏览器中的运行结果如图 2-26 所示。

立即购买

图 2-26 提交按钮运行结果

在创建提交按钮时，<input>标签的 value 属性值就是按钮上显示的文本。如果没有提供 value 属性值，则按钮上默认显示"提交"。如果不提供 name 属性值，则提交按钮的值不会发送给服务器。如果表单上有多个提交按钮，就需要为每个按钮分别提供 name 属性值，以便浏览器能够知道哪个按钮被单击。

2. 重置按钮

填完表单信息后，如果发现填写错误，希望将表单数据还原为页面加载时的状态，可以在表单上创建一个重置按钮。单击重置按钮会清除表单中的所有数据，其语法格式如下：

```
<input type="reset"name="..." value="..."/>
```

例如以下代码：

```
<input type="reset" value="取消"/>
```

在浏览器中的运行结果如图 2-27 所示。

取消

图 2-27 重置按钮运行结果

value 属性值为按钮上显示的文本。如果没有提供 value 属性值，则按钮上默认显示"重置"。

3. 图片按钮

默认的图片按钮不美观，而且不同浏览器中显示的图片按钮的外观也不同。因此，可以创建一幅漂亮的图片，并把<input>标签的 type 属性设置为 image，把 src 属性设置为图片的 URL，从而使用该图片作为按钮图。使用图片按钮时，input 元素没有 value 属性，其语法格式如下：

```
<input type="image"name="..." src="..." alt="..."/>
```

案例 example2-19.html 演示了图片按钮的用法，主体代码如下：

```
<body>
    <input type="image" src="images/dl.jpg" alt="登录"/>
</body>
```

该案例在浏览器中的显示效果如图 2-28 所示。

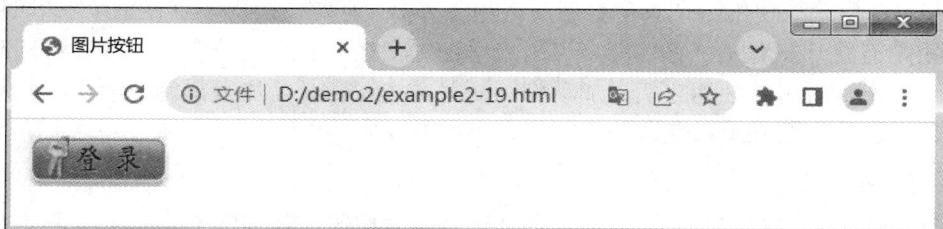

图 2-28 图片按钮的显示效果

4. 普通按钮

把 input 元素的 type 属性设置为 button，可以创建普通按钮，其语法格式如下：

```
<input type="button"name="..." value="..."/ >
```

按钮上显示的文本是 value 属性值，如果没有提供 value 属性值，则只创建一个空按钮。默认情况下，单击普通按钮是没有任何反应的。因此，需要为普通按钮注册事件，并手动编写相应的处理函数。

5. <button>标签定义按钮

除了使用前面介绍的<input>标签外，使用<button>标签也可以定义一个按钮。该标签是一个双标签，在标签内部可以放置内容，如文本、图片等。这是使用该标签与使用<input>标签创建按钮不同之处，其语法格式如下：

```
<button type="button"name="..." value="..."/>...</button>
```

其中，type 属性定义按钮的类型，有 button、reset、submit 这三个可选值；name 属性定义按钮的名称；value 定义按钮的初始值，可由脚本进行修改。

案例 example2-20.html 演示了<button>标签的用法，主体代码如下：

```
<body>
    <button type="button" onclick="alert('欢迎学习！')">点我!</button>
</body>
```

该案例在浏览器中的显示效果如图 2-29 所示。

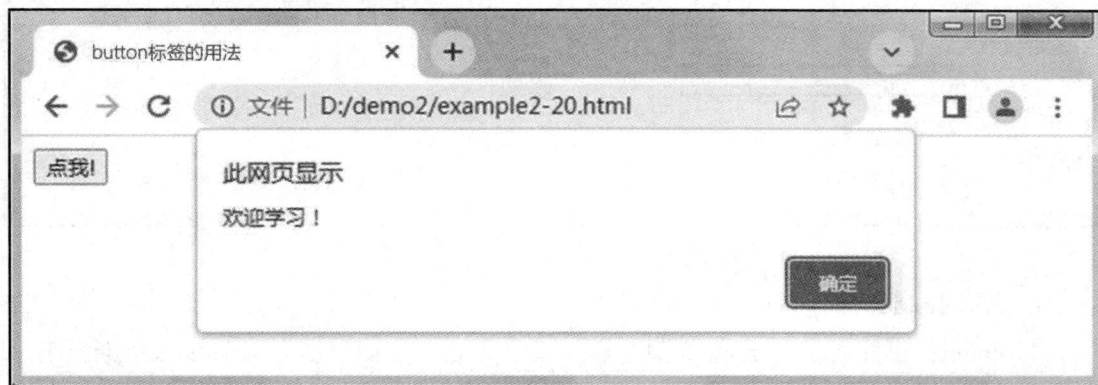

图 2-29　<button>标签的显示效果

<button>标签提供了更强大的功能和更丰富的内容。<button>标签中的所有内容都是按钮内容，其中包括任何可接受的正文内容，如文本或多媒体内容。例如，可以在按钮中包括一张图片和相关文本，用它们在按钮中创建一个吸引人的标记图片。按钮中唯一禁止使用的元素是图片映射，因为它对鼠标和键盘的动作敏感，会干扰表单按钮的行为。

5.1.4　表单元素的属性

表单元素除了 type、name 属性之外，还定义了很多其他的属性以实现不同的功能。

1. value 属性

value 属性用于定义表单元素的默认值或当前值。例如，<option>与<option/>之间的值是浏览器显示在下拉列表中的内容，而 value 属性中的值是表单被提交时发送到服务器的值。

2. autofocus 属性

autofocus 属性是布尔属性，用于指定元素在页面加载后自动获取焦点。

案例 example2-21.html 演示了 autofocus 属性的用法，主体代码如下：

```
<body>
    <form action="#">
        用户账号: <input type="text" name="fname" autofocus><br>
        用户姓名: <input type="text" name="lname"><br>
        <input type="submit">
    </form>
</body>
```

该案例在浏览器中的显示效果如图 2-30 所示。

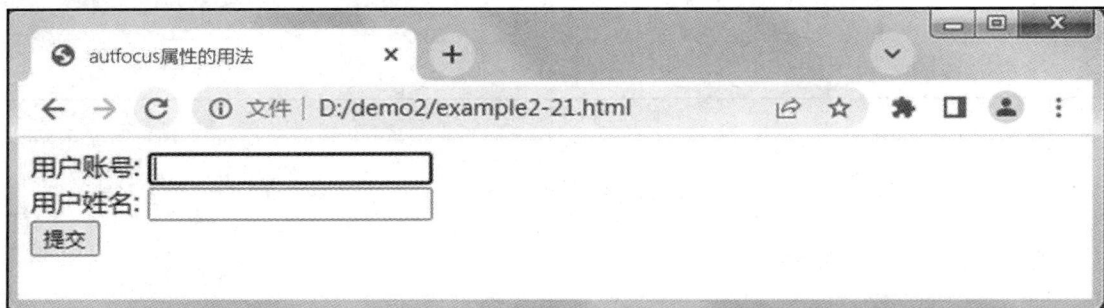

图 2-30　autofocus 属性的显示效果

3. placeholder 属性

placeholder 属性用于为 input 类型的输入框提供相关提示信息，以描述输入框期待用户输入何种内容。提示信息在输入框为空时出现，当输入信息时，该提示信息就会自动消失。例如，用户在登录时需要输入用户名和密码，它会提示用户在什么地方输入用户名，在什么地方输入密码。placeholder 属性适用于以下表单元素：text、search、url、tel、email、password。

案例 example2-22.html 演示了 placeholder 属性的用法，主体代码如下：

```
<body>
    <form action="#" method="post">
        <input type="search" name="user_search" placeholder="请输入你要搜索的内容" />
        <input type="submit" />
    </form>
</body>
```

该案例在浏览器中的显示效果如图 2-31 所示。

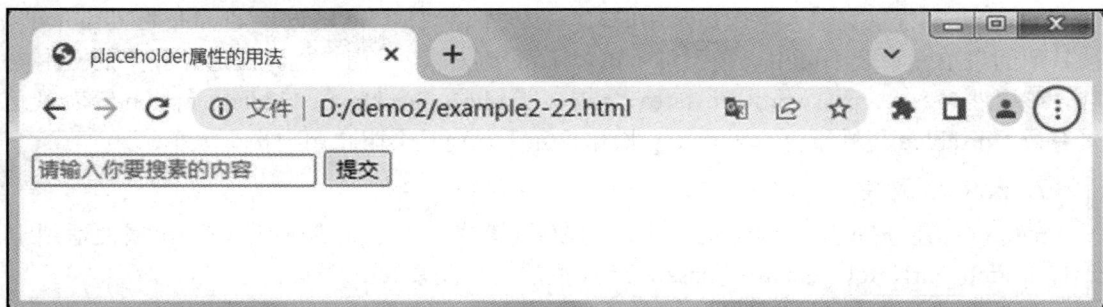

图 2-31 placeholder 属性的显示效果

4. required 属性

required 属性是布尔属性,如果要求输入框中的内容是必须填写的,那么需要为 input 元素指定 required 属性。required 属性用于规定用户在输入框中填写的内容不能为空,否则不允许用户提交表单。required 属性适用于以下表单元素:text、search、url、tel、email、password、number、checkbox、radio、file。

案例 example2-23.html 演示了 required 属性的用法,主体代码如下:

```
<body>
    <form action="#" method="post">
        用户名: <input type="text" name="usr_name" required="required" />
        <input type="submit" value="提交" />
    </form>
</body>
```

该案例在浏览器中的显示效果如图 2-32 所示。

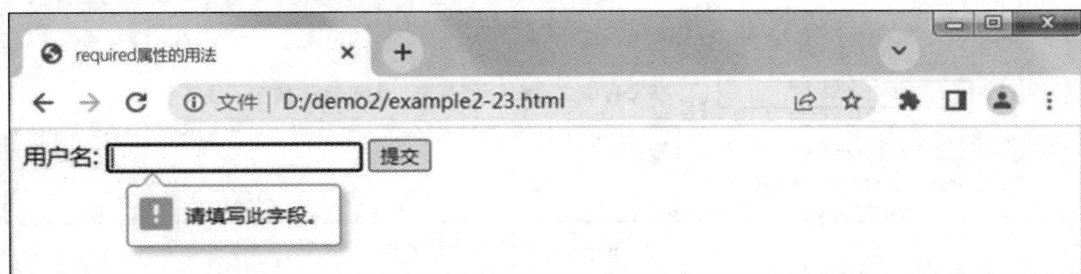

图 2-32 required 属性的显示效果

5. readonly 属性

readonly 属性规定输入字段为只读,不能修改。但用户仍然可以使用 Tab 键切换到该字段,还可以选中或复制其文本。readonly 属性只对 text、password、textarea 表单元素有效。将其设置在 select、radio、checkbox 等表单元素上不会起效果,用户仍然可以更改表单元素选中的值。readonly 属性不需要值,它等同于 readonly="readonly"。readonly 属性只用于阻止用户修改表单元素的值,并不会阻止用户提交表单。

6. disabled 属性

disabled 属性规定输入字段是禁用的，该属性不需要值，它等同于 disabled="disabled"。被禁用的表单元素既不可用，也不可单击，不可接收焦点，用户也无法选中其中的文本内容。该属性对 text、password、textarea、select、radio、checkbox、hidden、option 等表单元素有效。disabled 属性不仅会阻止用户操作该元素，而且会阻止用户提交表单。

7. pattern 属性

pattern 属性规定用于验证输入字段的模式(模式指的是正则表达式)，该属性适用于 text、search、url、tel、email 和 password 类型的表单元素。

案例 example2-24.html 演示了 pattern 属性的用法，主体代码如下：

```
<body>
    <form action="#" method="get">
        账    号：<input type="text" name="username" pattern="^[a-zA-Z]
[a-zA-Z0-9_]{4,15}$" />(以字母开头，允许 5～16 字节，允许字母数字下画线)<br/>
        密    码：<input type="password" name="pwd" pattern="^[a-zA-Z]
\w{5,17}$" />(以字母开头，长度在 6～18 之间，只能包含字母、数字和下画线)<br/>
        Email 地址：<input type="email" name="myemail" pattern="^\w+([-+.]\w+)*@\w+([-.]\w+)*
\.\w+([-.]\w+)*$"/>
        <input type="submit" value="提交"/>
    </form>
</body>
```

该案例在浏览器中的显示效果如图 2-33 所示。

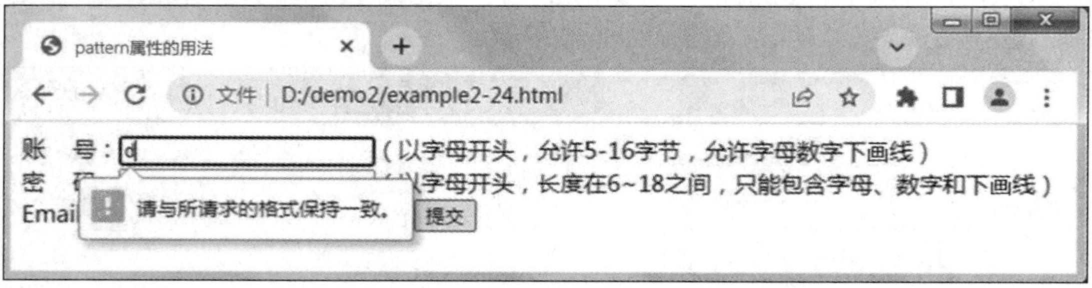

图 2-33　pattern 属性的显示效果

5.1.5　表单元素的分组

表单元素的分组可以使用<fieldset>和<legend>标签来定义，它们相当于一个容器，这两个标签本身不参与数据的交互操作。<fieldset>标签将表单内容的一部分打包，生成一组相关表单的字段。当一组表单元素被放到<fieldset>标签内时，浏览器会以特殊方式显示它们，它们可能有特殊的边界、3D 效果，甚至可以创建一个子表单来处理这些元素。<legend>标签用于定义分组的标题，<fieldset>标签中的第一个标签一般是<legend>标签，其语法格式如下：

```
<fieldset>
    <legend>...</legend>
        ...
</fieldset>
```

案例 example2-25.html 演示了表单元素是如何分组的，主体代码如下：

```
<body>
<h2>手机移动支付问卷调查</h2>
<form action="#" method="post">
    <fieldset>
        <legend>个人信息</legend>
        姓名：<input type="text" placeholder="请输入真实姓名"><br>
        E-mail 邮箱地址：<input type="email" placeholder="请输入完整有效的 E-mail 地址"><br>
        您的电话号码：<input type="tel" name="" value="" placeholder="请输入电话号码">
    </fieldset>
    <fieldset>
        <legend>问卷内容</legend>
            <ol>
                <li>您的教育程度是？</li>
                <input type="radio" name="education" value="1" required />  高中  
                <input type="radio" name="education" value="2" />  大专  
                <input type="radio" name="education" value="3" />  本科   </
                <input type="radio" name="education" value="4" />  硕士研究生  
                <input type="radio" name="education" value="5" />  博士及以上
                <li>您的年龄是？</li>
                <input type="radio" name="age" value="1" required />  18 岁以下  
                <input type="radio" name="age" value="2" />  18-25 岁  
                <input type="radio" name="age" value="3" />  26-30 岁  
                <input type="radio" name="age" value="4" />  31-35 岁  
                <input type="radio" name="age" value="5" />  35 岁以上
                <li>您是否使用过手机移动支付业务？</li>
                <input type="radio" name="use" value="1" required />  从未听说过  
                <input type="radio" name="use" value="2" />  听说过，但未使用过  
                <input type="radio" name="use" value="3" />  偶尔使用  
                <input type="radio" name="use" value="4" />  经常使用  
                <li>您看中以下哪些支付功能？(可多选)</li>
                <input type="checkbox" name="how" value="1" />  话费/游戏币充值<br />
                <input type="checkbox" name="how" value="2" />  刷手机加油<br />
                <input type="checkbox" name="how" value="3" />  刷手机购物<br />
                <input type="checkbox" name="how" value="4" />  刷手机乘坐公交/轻
```

轨/地铁\<br /\>

         \<input type="checkbox" name="how" value="5" /\> 水电煤/有线电视/宽带远程缴费\<br /\>

         \<input type="checkbox" name="how" value="6" /\> 享受联盟商户的优惠折扣\<br /\>

         \<input type="checkbox" name="how" value="7" /\> 以上均不感兴趣\<br /\>

    \</ol\>

  \</fieldset\>

  \<fieldset\>

    \<legend\>建议\</legend\>

    \<textarea name="" cols="80" rows="5"\>\</textarea\>

  \</fieldset\>

  \<input type="submit" name="" value="提交问卷"\>

\</form\>

\</body\>

该案例在浏览器中的显示效果如图 2-34 所示。

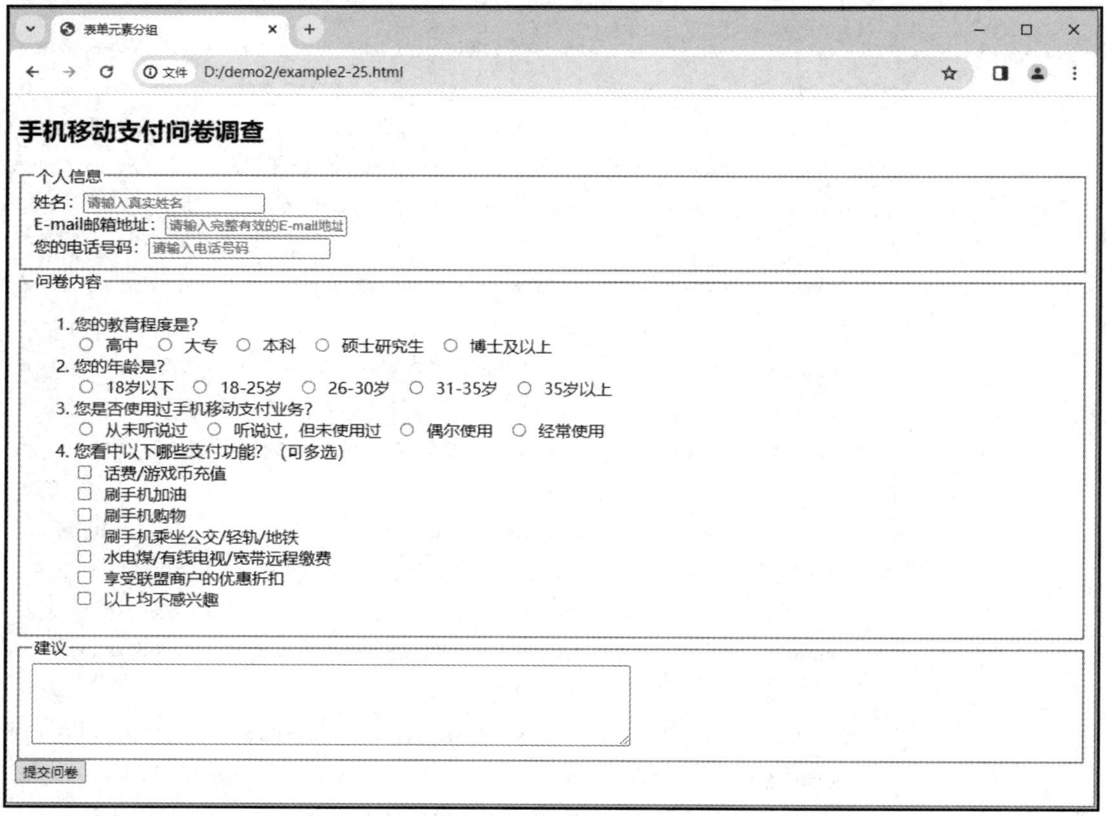

图 2-34　表单元素分组的显示效果

5.2　任 务 实 现

1. 创建项目

启动 Sublime Text，打开项目 2 的文件夹 demo2，在项目文件夹中建立 zxly.html 文件。

2. 快速生成 HTML5 文档

打开项目 2 的任务 5 的 zxly.html 文件，用键盘输入"!"后按 Ctrl + E 键或 Tab 键，可快速生成 HTML5 文档结构，主体代码如下：

```html
<!DOCTYPE html>
<html lang="en">
<head>
    <meta charset="UTF-8" />
    <title>Document</title>
</head>
<body>


</body>
</html>
```

3. 输入 zxly.html 文件的头部内容

在<title></title>之间输入文字"在线留言"，为网页设置文档标题，头部代码如下：

```html
<head>
    <meta charset="UTF-8" />
    <title>在线留言</title>
</head>
```

4. 输入网页内容

在<body></body>之间输入网页内容，主体代码如下：

```html
<body>
    <!-- banner -->
    <header>
        <img src="images/banner.jpg" alt="" width="1200">
    </header>
    <!-- 导航 -->
    <nav>
        <ul>
            <li><a href="index.html">专题首页</a></li>
```

```
            <li><a href="xxzl.html">学习资料</a></li>
            <li><a href="#">学习研讨</a></li>
            <li><a href="#">学习动态</a></li>
            <li><a href="#">在线留言</a></li>
            <li><a href="#">学习光影</a></li>
        </ul>
</nav>
<!--内容-->
<div>
        <h1>在线留言</h1>
        <span>当前位置:</span><a href="index.html">首页</a>&gt;&gt;<a href="zxly.html">在
线留言</a>
        <form action="#" method="post">
            <ul>
                <li>
                    <span>您的姓名:</span>
                    <input type="text" name="name">
                </li>
                <li>
                    <span >手机号码:</span>
                    <input type="text" name="hm">
                </li>
                <li>
                    <span>您的性别:</span>
                    <input type="radio" name="xb" value="男">
                    <span>男</span>
                    <input type="radio" name="xb" value="女">
                    <span>女</span>
                </li>
                <li>
                    <span>出生日期:</span>
                    <select name="year">
                        <option value="1991">1991</option>
                        <option value="1992">1992</option>
                        <option value="1993">1993</option>
                        <option value="1994">1994</option>
                        <option value="1995">1995</option>
```

```
                    <option value="1996">1996</option>
                    <option value="1997">1997</option>
                    <option value="1998">1998</option>
                    <option value="1999">1999</option>
                </select> 年
                <select name="month">
                    <option value="1" selected="selected">1</option>
                    <option value="2">2</option>
                    <option value="3">3</option>
                    <option value="4">4</option>
                    <option value="5">5</option>
                    <option value="6">6</option>
                    <option value="7">7</option>
                    <option value="8">8</option>
                    <option value="9">9</option>
                    <option value="10">10</option>
                    <option value="11">11</option>
                    <option value="12">12</option>
                </select> 月
                <input name="day" type="text" class="day" />日
            </li>
        </ul>
        <ul>
            <li>
                <span>留言主题:</span>
                <input type="text" name="zt">
            </li>
            <li>
                <span>留言内容:</span>
                <textarea name="nr"></textarea>
            </li>
            <li class="juzhong">
                <input type="submit" class="btn">
                <input type="reset" class="btn">
            </li>
        </ul>
    </form>
```

```
    </div>
    <!-- 版权 -->
    <footer>
        <p>Copyright&copy;2022-2025</p>
        <p>江西工业工程职业技术学院信息工程学院软件教研室版权所有</p>
    </footer>
</body>
```

保存代码内容后，在浏览器中的显示效果如图 2-18 所示。至此，任务 5 全部完成。

项目3　网页的表现标准

(设计"学习党的二十大精神专题网"子页)

任务6　设计"学习资料"子页

知识目标

(1) 掌握 CSS 的相关概念。

(2) 掌握 CSS 的定义与用法。

(3) 掌握 CSS 文本修饰常用属性的用法。

能力目标

(1) 能够书写规范的 CSS 样式，能够引用 CSS 样式。

(2) 能够使用 CSS 设置网页中不同的文本样式。

(3) 能够灵活运用 CSS 选择器。

素质目标

(1) 掌握并遵循 Web 开发标准，培养严谨的工作作风。

(2) 培养归纳思维能力。

(3) 加强实践教育，提升实践能力。

任务描述

使用 HTML5 制作网页时，可以通过标签属性对网页进行修饰，但是这种方式存在很大的弊端和局限，如代码维护困难、可读性差等。如果希望网页升级轻松、维护方便，就需要通过 CSS 来美化网页，实现结构与表现分离。要将 CSS 样式应用于特定的 HTML 标签，需要先找到该目标标签。在 CSS 中，执行这一任务的样式规则被称为选择器。

本任务通过制作"学习资料"子页，重点介绍如何在 HTML 中引入 CSS 样式，CSS 选择器的使用，以及文本样式的设置，同时带领读者进一步学习贯彻党的二十大精神。任务 6 子页完成效果如图 3-1 所示。

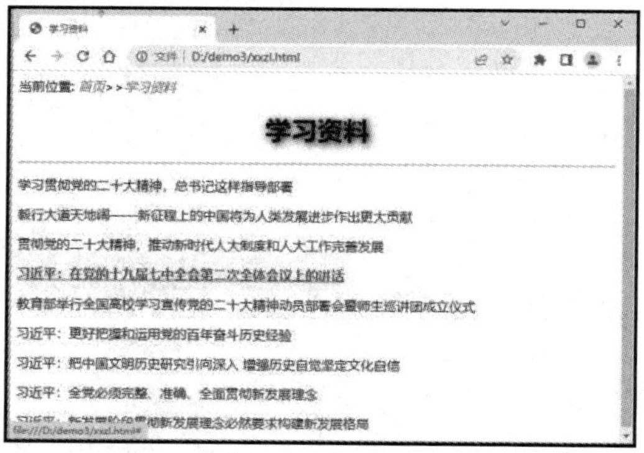

图 3-1　"学习资料"子页完成效果

6.1　CSS 基础与语法

　　CSS 是 Cascading Style Sheets 的缩写，中文意思是层叠样式表，是用来美化网页的工具。CSS 是一种不需要编译就可直接由浏览器执行的标记性语言，用于控制 Web 页面的外观，用户可以使用 HTML 定义网页的结构标准，即网页包括哪些内容(如文本、图片、超链接、列表、表单等)，使用 CSS 定义网页的表现标准(如网页的布局、字体、宽度、对齐方式、颜色、背景等)。

　　样式就是格式。用 HTML5 编写网页并不难，但对于一个由几百个网页组成的网站来说，采用统一的格式就比较困难了。通过使用 CSS 设置网页的格式，可以统一网站的风格，并实现结构标准与表现标准的分离，即网页的内容与网页的格式分离，可以做到"一改全改"，即在进行网站维护时，不需要对每个网页进行修改，只要修改 CSS 文件，就可以改变整个网站的风格，使得网站维护格式方便、高效。

　　层叠是指当 HTML 引用多个 CSS 时，如果 CSS 的定义发生冲突，浏览器将依据层次的先后顺序来应用样式。如果不考虑样式的优先级，一般会遵循"最近优先原则"。

6.1.1　CSS 设置规则

　　CSS 是由若干条样式规则组成的，每一条样式规则都是单独的语句。层叠样式表的每一条规则都有两个主要部分：选择器和声明。CSS 设置规则的语法格式如下：

```
选择器{
    属性 1:属性值 1;
    属性 2:属性值 2;
    属性 3:属性值 3;
    …
}
```

其中，选择器用于指定 CSS 样式要应用在哪个对象上，是标识已设置格式元素(如 body、table、td、p、类名、id 名)的术语。大括号中是具体 CSS 属性的设置，用来给指定的元素设置具体的样式。声明则用于定义样式属性，声明由属性和属性值两部分组成，属性是指对指定的对象设置的样式属性，如字体大小、文本颜色等，属性和属性值以"键值对"的形式出现，属性和属性值之间用英文冒号"："连接，多个属性的设置用英文分号"；"隔开。

　　在下面的示例中，p 为选择器，大括号中的所有内容为声明块：

```
p{
    color: red;
    font-size: 24px;
}
```

以上代码表示，HTML 中<p>标签内的所有文本的字体颜色为红色，字体大小为 24 px。

其中，color 属性用来设置文本颜色；font-size 属性用来设置文本字体大小；red 和 24 px 分别是它们的属性值。

书写 CSS 时，除了要遵循 CSS 设置规则外，还必须注意以下几点。

(1) CSS 中的选择器严格区分大小写，但属性和属性值不区分大小写。按照书写习惯，一般建议选择器、属性和属性值都采用小写的方式。

(2) 多个属性之间用英文分号隔开，最后一个属性后面的分号可以省略，但为了便于增加新样式，强烈建议保留此分号。

(3) 如果属性值由多个单词组成且中间包含空格，则必须为这个属性值加上英文引号，例如以下代码：

```
h1{font-family: "arial black";}
```

(4) 在编写 CSS 代码时，为了提高代码的可读性，通常需要加上 CSS 注释。

在 CSS 样式表中，使用注释可以帮助用户对自己的编写的代码进行说明。注释一般用言简意赅的语言表明代码的用途、注意事项等，以便后期进行维护。特别是团队合作开发网站时，合理、适当地使用注释可以提高协同工作的效率。

CSS 注释的格式如下：

```
/* 这是 CSS 注释文本内容，此文本不会在浏览器中窗口中显示 */
```

在 CSS 中增加注释很简单，所有被放在/*和*/之间的文本信息都被称为注释。CSS 只有一种注释，不管是多行注释还是单行注释都必须以/*开始，以*/结束，中间为注释内容。例如以下代码：

```
/*  段落的样式设置  */
p{
    font-size: 20px;       /*  设置文本大小为 24px */
    color: red;            /*  设置文本颜色为红色  */
}
```

6.1.2 CSS 的引入方式

要使用 CSS 修饰网页，就需要在 HTML 文档中引入 CSS。引用 CSS 通常有以下三种方式。

1. 行内样式

行内样式也称为内联样式，是指直接在 HTML 标签中添加的<style>标签属性，属性的内容就是 CSS 属性的设置，其语法格式如下：

```
<标签名  style="样式属性 1:属性值 1;样式属性 2:属性值 2;样式属性值……">内容</标签名>
```

例如以下代码：

```
<p style=" color: red;font-size: 24px; ">文本内容</p>
```

行内样式表用法简单，效果直观，但不能做到网页的结构标准(网页内容)与表现标准(样式)的分离，不利于后期网站的维护，因此在实际的开发中不推荐使用。

2. 内部样式

内部样式是指将 CSS 样式嵌入 HTML 文档的文件头中，其语法格式如下：

```
<head>
    <style type="text/css">
    选择器{样式属性:属性值;...}
    </style>
</head>
```

在以上代码中，使用 style>标签在<head>标签内嵌入样式表，设置 type 属性值为 text/css，让浏览器知道<style>标签包含的是 CSS 代码。

案例 example3-1.html 演示了内部样式表的用法，主体代码如下：

```
<!DOCTYPE html>
<html lang="en">
<head>
    <meta charset="UTF-8" />
    <title>内部样式表的使用</title>
    <style type="text/css">
        h1{
            color: red;
            text-align:center;
        }
    </style>
</head>
<body>
    <h1>这是一个一级标题</h1>
</body>
</html>
```

内部样式表中的所有样式代码都集中到 HTML 文档的<head>标签中，这样更便于查找和修改。虽然此方法看上去好像实现了网页的结构标准(网页内容)与表现标准(样式)的分离，但其实只适合于单个网页的制作。例如，某网站中的网页数量庞大，如果此网站采用的是内部样式表，那么当需要把网站中所有网页的背景颜色统一改变时，仍然需要逐个进行修改，工作量非常大。因此在实际开发中，网站的网页数量大的时候，不推荐使用内部样式表。

3. 外部样式

外部样式是指将所有的样式规则放在一个或多个以 .css 为扩展名的外部样式表文件中，在 HTML 文档中的<head>标签中加入<link>标签来引用外部样式表文件。<link>标签的语法格式如下：

```
<link href="CSS 文件的路径" rel="stylesheet" type="text/css" />
```

<link>标签需要包含在<head>标签中使用，它的三个属性如下。

(1) href。该属性指定 CSS 文件的路径，可以使用相对路径，也可以使用绝对路径。

(2) rel="stylesheet"。rel 是 relationship 的英文缩写，用来指定当前文档与被链接文档之间的关系，在这里指定为 stylesheet，表示被链接的文档是一个样式表文件，该属性是必选属性。

(3) type="text/css"。该属性用来规定被链接文档的类型，在这里指定为 text/css，表示链接的外部文件为 CSS 样式表。

在网站开发过程中，一个 CSS 文件可以应用到多个 HTML 文档中，一个 HTML 文件中也可以引用多个 CSS 文件。使用引用外部样式表的方法时，HTML 结构和 CSS 样式分成了独立的文件，真正实现了网页的结构与表现的分离。这样一来，对 CSS 文件进行修改时，就可以做到对多个网页进行样式修改，有利于网站开发过程中的团队协作，同时也有利于后期的网站维护。

案例 example3-2.html 演示了外部样式表的用法，主体代码如下：

```
<!DOCTYPE html>
<html lang="en">
<head>
    <meta charset="UTF-8" />
    <title>外部样式表的使用</title>
    <link rel="stylesheet" type="text/css" href="exampe2.css">
</head>
<body>
<body>
    <h1>这是一个一级标题</h1>
</body>
</body>
</html>
```

在 example3-2.html 的同一级目录下新建 example3-2.css 文件，打开文件，写下以下 CSS 样式，主体代码如下：

```
h1{
    color:red;/*设置颜色为红色*/
    text-align:center;/*水平居中*/
}
```

案例 example3-1.html 与案例 example3-2.html 实现的效果一致。

案例 example3-2.html 在浏览器中的显示效果如图 3-2 所示。

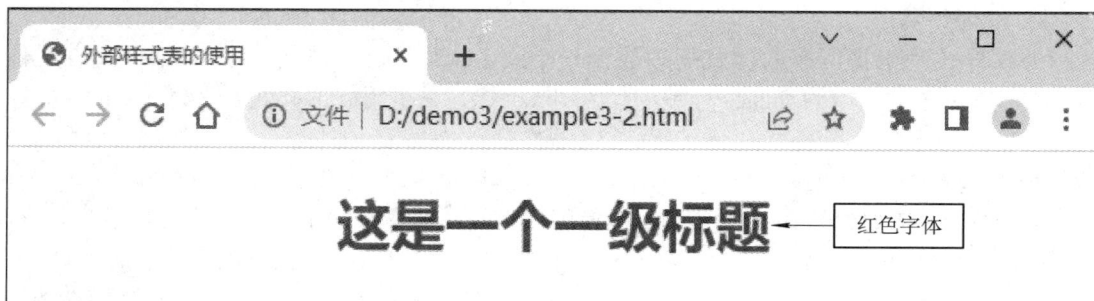

图 3-2　外部样式表的显示效果

虽然外部样式表在实际开发项目中使用频繁，但是为了学习方便，本书项目 3 中的案例更多使用内部样式表，项目 4 中的案例则使用外部样式表。

6.1.3　CSS 选择器

要将 CSS 样式应用于指定的 HTML 元素，首先需要找到该目标标签。在 CSS 中，能够完成这一任务的工具被称为选择器。通过 CSS 选择器，可以对 HTML 文档中的元素实现一对一、一对多或多对一的样式设置。

可以将 CSS 选择器分为以下五类：基础选择器、复合选择器、伪类选择器、伪元素选择器、属性选择器。

1．基础选择器

基础选择器有以下四种：元素选择器、类选择器、id 选择器和通用选择器。

1) 元素选择器

元素选择器是指用 HTML 元素名作为选择器，其语法格式如下：

```
元素名{
    属性 1：属性值 1；
    属性 2：属性值 2；
    属性 3：属性值 3；
    …
}
```

所有的 HTML 元素都可以作为元素选择器，如 body、h1、p、ul、li 等。用元素选择器定义的样式对网页中该类型的所有元素都有效。

案例 example3-3.html 演示了元素选择器的用法。在<body>标签中写下以下内容，其中段落标记写在<div>标签中，方便后续样式的设置。主体代码如下：

```
<body>
    <h1>信息工程学院党总支开展党的二十大精神宣讲暨入党申请人集体谈话</h1>
    <div>
        <p>为学习宣传贯彻党的二十大精神，做好入党申请人的教育培养工作，3 月 30 日晚，信息工程学院党总支在报告厅开展党的二十大精神宣讲暨入党申请人集体谈话，活动由信息工程学院党总支组织委员姚玲洁主持。</p>
        <p>信息工程学院学生管理负责人熊雪军以"牢牢把握习近平新时代中国特色社会主义思想的世界观和方法论"为主题开展党的二十大精神宣讲。他围绕"六个必须坚持"进行详细阐述，激励同学们要自觉把党的二十大精神转化为思想、学习、工作等方面发展的强劲动力，勇毅前行，踔厉奋发，笃行不息。</p>
        <p>学生党支部书记罗缔详细讲解了入党流程以及在入党过程中的注意事项，进一步提高了大家对入党的认识，端正了大家的入党动机。入党积极分子代表光伏 211 班谢勇辉做了发言。他表示，要在学习工作中积极贡献自身力量，以实际行动向党组织靠拢。入党申请人代表网络 227 班李清红做了发言。她表示，要在思想和行动上始终同党中央保持一致，脚踏实地，严格要求自己，切实发挥模范带头作用。</p>
        <p>最后，信息工程学院党总支书记陈立对入党申请人提出三点要求：一是要端正入党动机，争做新时代有为青年；二是要自觉加强学习，用党的理论武装头脑；三是要主动发挥作用，用实际行动向
```

党组织靠拢。</p>

      </div>

    </body>

该案例在浏览器中的显示效果如图 3-3 所示。

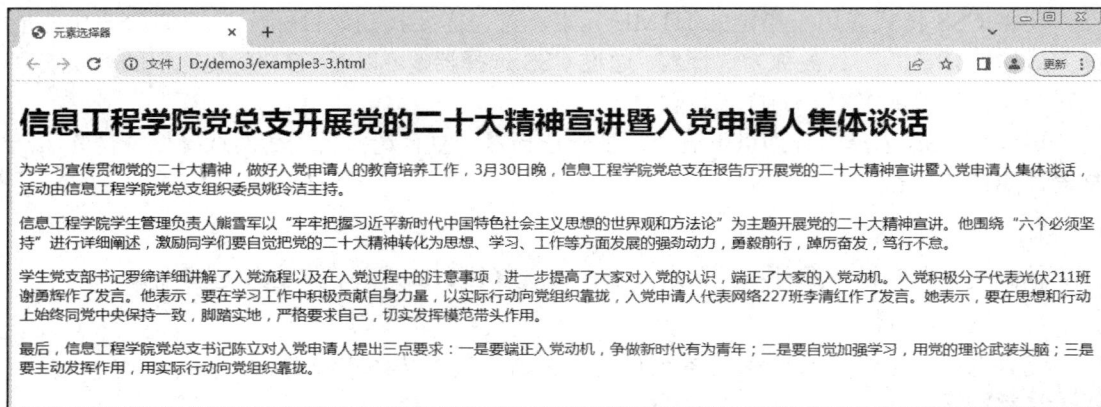

图 3-3　未添加 CSS 样式的显示效果

下面给标题和段落设置样式，样式写在<style>标签中。设置标题颜色为红色，且水平居中。段落中的文本内容首行缩进两个字符。设置 div 元素的宽高样式，则位于 div 元素中的所有内容会限定在 div 元素设定的宽高范围内。使用 margin:0 auto;可以实现 div 元素居中的效果。头部代码如下：

```
<head>
    <meta charset="UTF-8" />
    <title>元素选择器</title>
    <style type="text/css">
        h1{
            color:red;/*设置颜色为红色*/
            text-align:center;/*水平居中*/
        }
        div{
            width:500px;/*宽度 500px*/
            height:500px;/*高度 500px*/
            margin:0 auto;/*设置 div 元素居中*/
        }
        p{
            text-indent:2em;/*设置段落标记的内容首行缩进两个字符*/
        }
    </style>
</head>
```

添加上述代码后，案例 example3-3.html 在浏览器中的显示效果如图 3-4 所示。

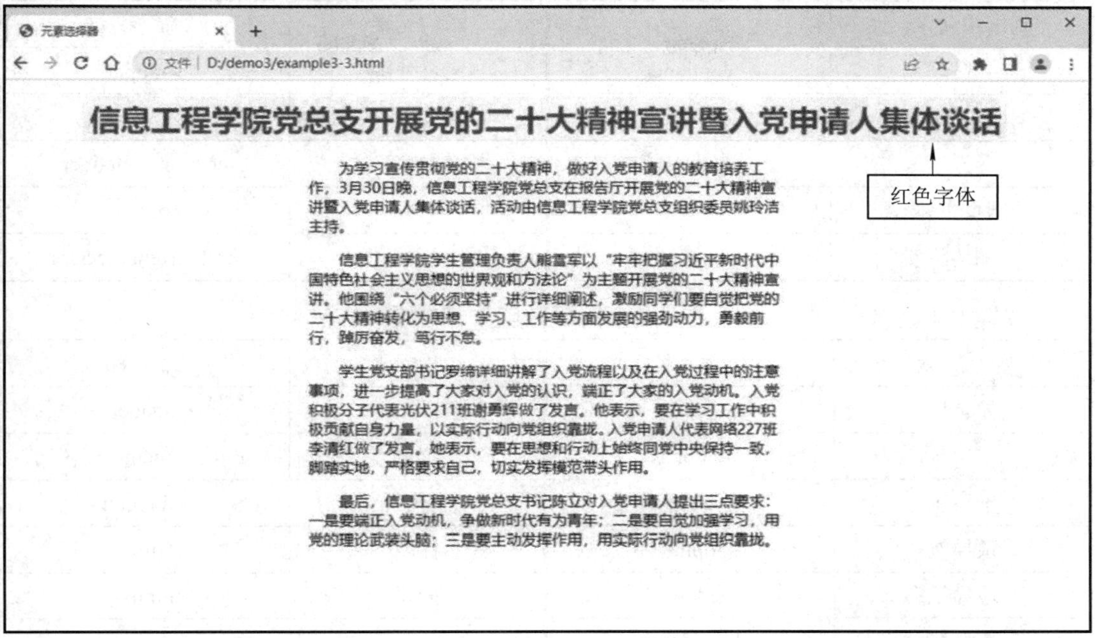

图 3-4　添加 CSS 样式的显示效果

2）类选择器

类选择器也称为自定义选择器，它能够把相同元素分类定义成不同的样式。例如，在案例 example3-3.html 中，如果想要其中某一个特殊段落的文本颜色变为蓝色，就需要使用类选择器。类选择器使用英文点号"."开头，后面紧跟类名，其语法格式如下：

```
.类名{
    属性 1:属性值 1;
    属性 2:属性值 2;
    属性 3:属性值 3;
    …
}
```

使用类选择器时，需要在相应的 HTML 标签中添加 class 标签属性，属性值即为类名。类名为自定义标识符。

为类选择器命名时，不要随意命名，需要规范化，要注意以下几点。

(1) 类选择器严格区分大小写，属性和属性值不区分大小写，按照书写习惯，一般将选择器、属性和属性值都采用小写的方式。

(2) 尽量使用英文、英文简写或拼音，不能用数字开头，建议以字母开头。

(3) 尽量不要使用缩写。

HTML 文档中的类名是可以重复的，因此使用类选择器可以为同类名的元素(标签可以不同)设置相同的样式，即一个类选择器可以为多个元素设置相同的样式。

下面给出一些常见的 CSS 选择器规范命名推荐，分别如表 3-1、表 3-2 和表 3-3 所示。

表 3-1 网页结构的相关命名

结构元素	命 名	结构元素	命 名
容器	container	网页外围	wrapper
页头	header	页尾	footer
导航	nav	内容	content/container
网页主体	main	栏目	column
侧边栏	sidebar	左、右、中	Left、right、center

表 3-2 导航栏的相关命名

结构元素	命 名	结构元素	命 名
导航栏	nav	右导航	rightsidebar
主导航	mainnav	菜单	menu
子导航	subnav	子菜单	submenu
顶导航	topnav	标题	title
边导航	sidebar	摘要	summary
左导航	leftsidebar		

表 3-3 功能相关的命名

结构元素	命 名	结构元素	命 名
标志	logo	提示信息	msg
广告	banner	当前的	current
登陆	login	小技巧	tips
登录条	loginbar	图标	icon
注册	register	注释	note
搜索	search	指南	guild
功能区	shop	服务	service
标题	title	热点	hot
加入	joinus	新闻	news
状态	status	下载	download
按钮	btn	投票	vote
滚动	scroll	合作伙伴	partner
标签页	tab	友情链接	link
文章列表	list	版权	copyright

案例 example3-4.html 演示了类选择器的使用，其主体代码在案例 example3-3.html 的基础上给标签添加了 class 属性，主体代码如下：

```
<body>
    <h1 class="red">信息工程学院党总支开展党的二十大精神宣讲暨入党申请人集体谈话</h1>
    <div class="center">
        <p class="indent">为学习宣传贯彻党的二十大精神，做好入党申请人的教育培养工作，3 月
30 日晚，信息工程学院党总支在报告厅开展党的二十大精神宣讲暨入党申请人集体谈话，活动由信息工
程学院党总支组织委员姚玲洁主持。</p>
        <p class="indent red">信息工程学院学生管理负责人熊雪军以"牢牢把握习近平新时代中国
特色社会主义思想的世界观和方法论"为主题开展党的二十大精神宣讲。他围绕"六个必须坚持"进行详
细阐述，激励同学们要自觉把党的二十大精神转化为思想、学习、工作等方面发展的强劲动力，勇毅前行，
踔厉奋发，笃行不怠。</p>
        <p class="red">学生党支部书记罗缔详细讲解了入党流程以及在入党过程中的注意事项,进一步
提高了大家对入党的认识，端正了大家的入党动机。入党积极分子代表光伏 211 班谢勇辉做了发言。他表示,
要在学习工作中积极贡献自身力量，以实际行动向党组织靠拢。入党申请人代表网络 227 班李清红做了发言。
她表示，要在思想和行动上始终同党中央保持一致，脚踏实地，严格要求自己，切实发挥模范带头作用。</p>
        <p>最后,信息工程学院党总支书记陈立对入党申请人提出三点要求:一是要端正入党动机,
争做新时代有为青年；二是要自觉加强学习，用党的理论武装头脑；三是要主动发挥作用，用实际行动向
党组织靠拢。</p>
    </div>
</body>
```

在<style>标签中使用类选择器写 CSS 样式，头部代码如下：

```
<head>
    <meta charset="UTF-8" />
    <title>类选择器的使用</title>
    <style type="text/css">
        .red{
            color:red;/*设置颜色为红色*/
        }
        h1{
            text-align:center;/*水平居中*/
        }
        .center{
            width:500px;/*宽度 500px*/
            margin:0 auto;/*设置 div 标记居中*/
        }
        .indent{
            text-indent:2em;/*设置段落标记的内容首行缩进 2 字符*/
        }
    </style>
</head>
```

案例 example3-4.html 在浏览器中的显示效果如图 3-5 所示。

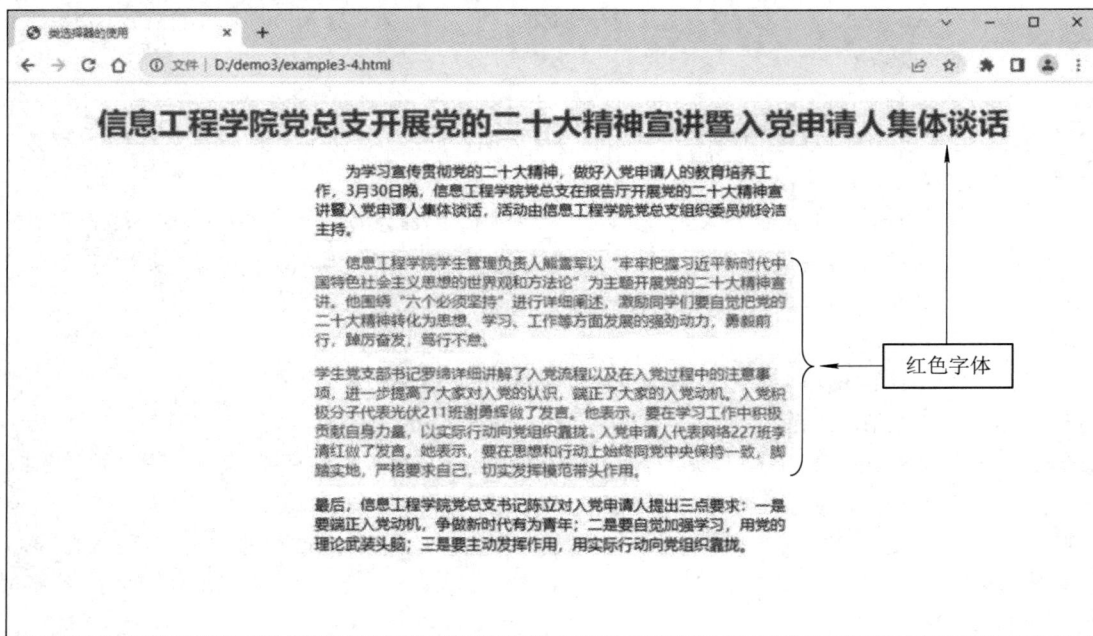

图 3-5 类选择器的显示效果

在上面的案例中，第二个段落标签 class 属性值有两个。需要注意，当 class 的属性值有多个时，所有的属性值要写在一个双引号内，且多个属性值之间用空格分开。

3) id 选择器

id 选择器用来对某个单一元素定义单独的样式，使用时以"#"号开头，后面紧跟 id 名称，其语法格式如下：

```
#id 名{
    属性 1:属性值 1;
    属性 2:属性值 2;
    属性 3:属性值 3;
    …
}
```

使用 id 选择器时，需要在相应的 HTML 标签中添加 id 标签属性，属性值即为 id 名。id 名称和类名一样，也是自定义标签。id 选择器的命名规范与类选择器一致，读者可以参考表 3-1、表 3-2 和表 3-3。

案例 example3-5.html 演示了 id 选择器的使用，为网页中的两个不同 div 元素设置相同的大小(长宽均为 100 px)，两个元素的颜色分别为红色和绿色，主体代码如下：

```
<!DOCTYPE html>
<html lang="en">
<head>
    <meta charset="UTF-8" />
    <title>id 选择器的使用</title>
```

```
<style type="text/css">
    #box1{
        width:100px;
        height:100px;
        background:red;
    }
    #box2{
        width:100px;
        height:100px;
        background:green;
    }
</style>
</head>
<body>
    <div id="box1"></div>
    <div id="box2"></div>
</body>
</html>
```

该案例在浏览器中的显示效果如图 3-6 所示。

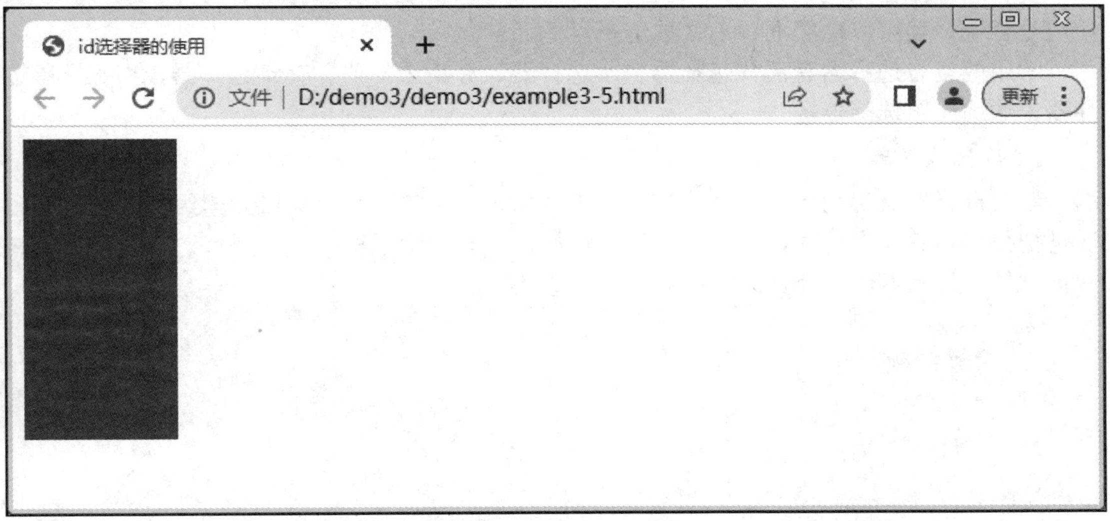

图 3-6　id 选择器的显示效果

　　HTML 元素的 id 值应该是唯一的。在通常情况下，一般不采用多个元素使用同一 id 样式的方法。当同一类元素需要使用同一类样式时，应使用类选择器。

　　id 选择器要慎用，id 是唯一的，在 CSS 文件比较大时，其复用性很低，并会带来一定的维护难度。由于 id 是网页中唯一的，一般会留给网页里的 JavaScript 使用，而类选择器一般用来定义元素公用的规则，更具有通用性，复用性更强，从某种程度上来说，还能减少代码量，维护起来也更加方便。

4) 通用选择器

通用选择器是一种特殊的选择器，用"*"号来表示，可以定义网页中所有 HTML 元素的样式，其语法格式如下：

```
*{
    属性 1:属性值 1;
    属性 2:属性值 2;
    属性 3:属性值 3;
    …
}
```

例如，在制作网页时，通常先将网页中所有元素的外边距和内边距设置为 0，主体代码如下：

```
*{
    margin: 0px;      /*外边距设置为 0 */
    padding: 0px;     /*内边距设置为 0 */
}
```

通用选择器在实际开发中很少使用，因为用它定义样式时，浏览器会将所有标签都渲染一遍。实际上很多标签不需要使用设置的样式，这样反而会影响渲染的速度，造成资源浪费。

2. 复合选择器

复合选择器也叫组合选择器，是由两个或多个基础选择器通过不同的方式组合而成的。使用复合选择器可以更精准、高效地选择目标元素。

常用的复合选择器有后代选择器、子选择器、并集选择器、交集选择器、相邻兄弟选择器、通用兄弟选择器等。

1) 后代选择器

后代选择器又称为包含选择器或派生选择器，常用来选择元素或元素组的后代，其写法是把外层标签写在前面，内层标签写在后面，中间使用空格分隔。后代选择器是在制作网页时使用最频繁的选择器之一，其语法格式如下：

```
选择器 1 选择器 2{
    属性 1:属性值 1;
    属性 2:属性值 2;
    属性 3:属性值 3;
    …
}
```

案例 example3-6.html 演示了后代选择器的使用，主体代码如下：

```
<!DOCTYPE html>
<html lang="en">
<head>
    <meta charset="UTF-8" />
    <title>后代选择器的使用</title>
```

```
    <style type="text/css">
    /*  使用后代选择器为 div 元素里的所有 p 元素添加下画线  */
        div p{
            text-decoration:underline;
        }
    </style>
</head>
<body>
    <h1>信息工程学院党总支开展党的二十大精神宣讲暨入党申请人集体谈话</h1>
    <div>
        <p>为学习宣传贯彻党的二十大精神，做好入党申请人的教育培养工作，3 月 30 日晚，信
息工程学院党总支在报告厅开展党的二十大精神宣讲暨入党申请人集体谈话，活动由信息工程学院党总支
组织委员姚玲洁主持。</p>
        <p>信息工程学院学生管理负责人熊雪军以"牢牢把握习近平新时代中国特色社会主义思想的
世界观和方法论"为主题开展党的二十大精神宣讲。他围绕"六个必须坚持"进行详细阐述，激励同学们要自
觉把党的二十大精神转化为思想、学习、工作等方面发展的强劲动力，勇毅前行，踔厉奋发，笃行不怠。</p>
        <p>学生党支部书记罗缔详细讲解了入党流程以及在入党过程中的注意事项，进一步提高了大
家对入党的认识，端正了大家的入党动机。入党积极分子代表光伏 211 班谢勇辉做了发言。他表示，要在学
习工作中积极贡献自身力量，以实际行动向党组织靠拢。入党申请人代表网络 227 班李清红做了发言。她表
示，要在思想和行动上始终同党中央保持一致，脚踏实地，严格要求自己，切实发挥模范带头作用。</p>
    </div>
        <p>最后，信息工程学院党总支书记陈立对入党申请人提出三点要求：一是要端正入党动机，
争做新时代有为青年；二是要自觉加强学习，用党的理论武装头脑；三是要主动发挥作用，用实际行动向
党组织靠拢。</p>
    </body>
    </html>
```

该案例在浏览器中的显示效果如图 3-7 所示。

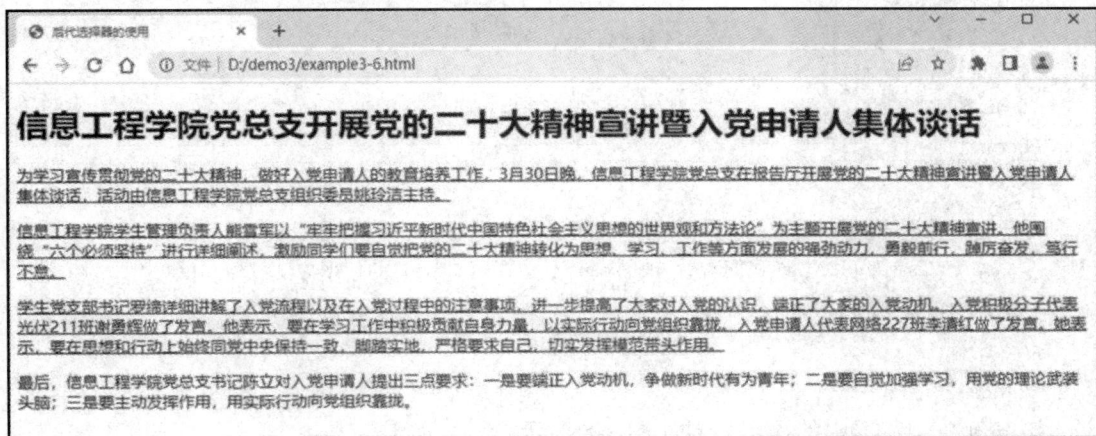

图 3-7　后代选择器的显示效果

　　从图 3-7 中可以看到,通过后代选择器为 div 元素里的所有 p 元素的文本内容添加了下画线。最后一段文本内容没有添加下画线,是因为最后一对<p>标签没有在<div>标签里面,不属于 div 元素的后代。

2) 子选择器

子选择器只能选择某个元素的子元素,使用时用 ">" 号连接,其语法格式如下:

```
选择器 1>选择器 2{
    属性 1:属性值 1;
    属性 2:属性值 2;
    属性 3:属性值 3;
    …
}
```

与后代选择器相比,子选择器只能选择某个元素的子元素。如果不希望选择任意的后代元素,而是希望缩小范围,只选择某个元素的子元素,就可以使用子选择器。

案例 example3-7.html 演示了子选择器的使用,主体代码如下:

```
<!DOCTYPE html>
<html lang="zh-CN">
<head>
    <meta charset="UTF-8" />
    <title>子选择器的使用</title>
    <style type="text/css">
        .style1 span{
            font-size:24px;
            text-decoration:underline;
        }
        .style2>span{
            font-size:24px;
            text-decoration:underline;
        }
    </style>
</head>
<body>
<div>
    <div class="style1">让我们看看<p><span>子选择器</span>的使用方法</p></div>
    <div class="style2">让我们看看<p><span>子选择器</span>的使用方法</p></div>
</div>
</body>
</html>
```

该案例在浏览器中的显示效果如图 3-8 所示。

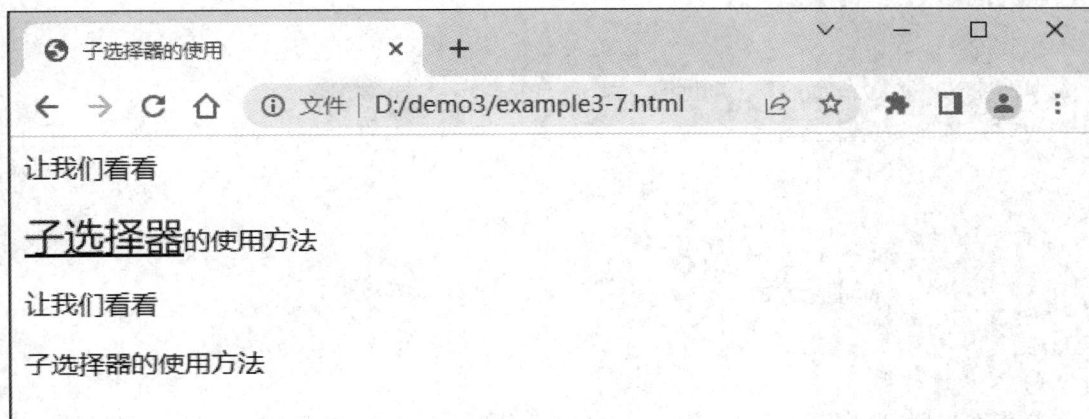

图 3-8 子选择器的使用

从图 3-8 中可以看到：第一个类名为 sytle1 的 div 元素下面的 span 元素里的内容字体变大为 24 px，并且有下画线；第二个类名为 style2 的 div 元素下面的 span 元素里的内容样式不受影响，不发生改变。这是因为 span 元素不是 div 元素的直接子元素，而是孙元素。

3) 并集选择器

并集选择器也叫作分组选择器，常用来选择多组标签(元素)并定义相同的样式，使用时用英文逗号连接。如果某些选择器的风格是完全相同的，或者是部分相同的，就可以使用集体声明的方式，将风格相同的选择器同时声明，从而大大减少代码数量，其语法格式如下：

```
选择器 1,选择器 2 {
    属性 1:属性值 1;
    属性 2:属性值 2;
    属性 3:属性值 3;
    …
}
```

例如以下代码：

```
h1,h2,p,.box,.tp{
        color:#f000;
        font-size:24px;
    }
```

等同于以下代码：

```
    h1{
        color:#f000;
        font-size:24px;
    }
    h2{
        color:#f000;
        font-size:24px;
```

```
        }
        .box{
            color:#f000;
            font-size:24px;
        }
        .tp{
            color:#f000;
            font-size:24px;
        }
```

4) 交集选择器

交集选择器可用于同时选中符合多个选择器条件的元素，使用时不用任何符号连接。其中，第一个为元素选择器，第二个为类选择器或者 id 选择器，两个选择器之间不能有空格，其语法格式如下：

```
选择器 1 选择器 2{
    属性 1:属性值 1;
    属性 2:属性值 2;
    属性 3:属性值 3;
    …
}
```

案例 example3-8.html 演示了并集选择器的使用，主体代码如下：

```
<!DOCTYPE html>
<html lang="en">
<head>
    <meta charset="UTF-8" />
    <title>交集选择器的使用</title>
    <style type="text/css">
        /* 选择既是 span，同时类名又是 number 的元素 */
        span.number{
            text-decoration:underline;
        }
    </style>
</head>
<body>
<p>这是一个普通的段落</p>
<span class="number">45</span>
<div class="number">100</div>
<span>这是普通的 span</span>
</body>
</html>
```

该案例在浏览器中的显示效果如图 3-9 所示。

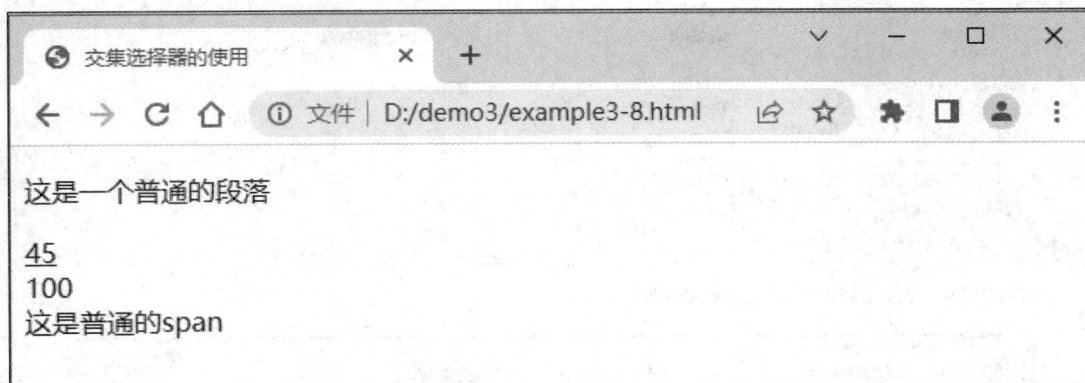

图 3-9　交集选择器的显示效果

从图 3-9 中可以看出，使用交集选择器的段落内容添加了下画线，而其他标签虽然也有 class 属性值 number，但是样式没有发生变化。

5) 相邻兄弟选择器

相邻兄弟选择器用于选择紧贴在元素之后的另一个元素，而且它们具有相同的父元素。"相邻"的意思是"紧随其后"。该选择器选择相邻的第一个兄弟元素，其语法格式如下：

```
选择器 1+选择器 2{
    属性 1:属性值 1;
    属性 2:属性值 2;
    属性 3:属性值 3;
    …
}
```

案例 example3-9.html 演示了相邻兄弟选择器的使用，主体代码如下：

```
<!DOCTYPE html>
<html lang="en">
<head>
    <meta charset="UTF-8" />
    <title>相邻兄弟选择器的使用</title>
    <style type="text/css">
        div + p {
                text-decoration:underline;
        }
    </style>
</head>
<body>
<h1>相邻兄弟选择器</h1>
<p>选择所有作为指定元素的相邻的同级元素。</p>
```

```
<div>
  <p>div 中的段落 1。</p>
  <p>div 中的段落 2。</p>
</div>
<p>段落 3。不在 div 中。</p>
<p>段落 4。不在 div 中。</p>
</body>
</html>
```

该案例在浏览器中的显示效果如图 3-10 所示。

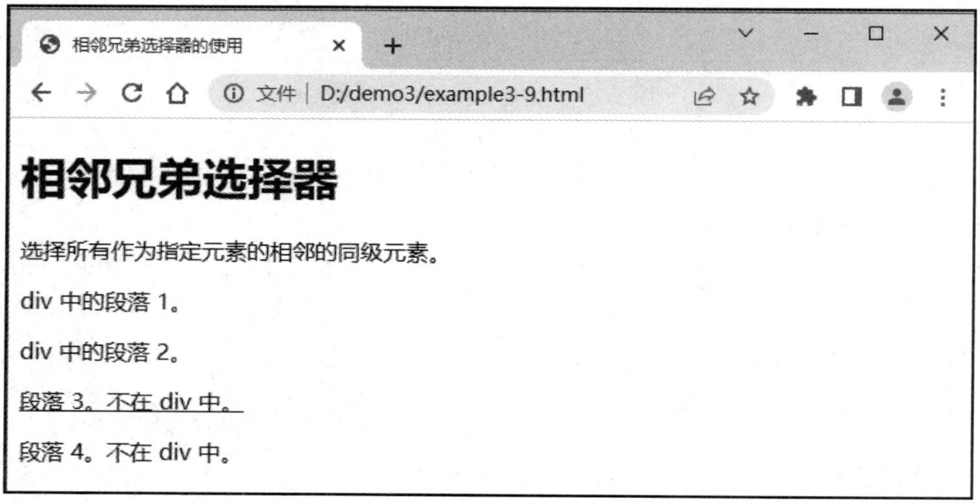

图 3-10　相邻兄弟选择器的显示效果

从图 3-10 中可以看出，第三个 p 元素紧跟在 div 元素之后，它们有共同的父元素 body。所以第三对<p>标签里面的文本内容添加了下画线，其他<p>标签里面的文本内容未添加下画线。

6) 通用兄弟选择器

通用兄弟选择器用于选择指定元素后面的所有兄弟元素，而且它们具有相同的父元素，其语法格式如下：

```
选择器 1~选择器 2{
    属性 1:属性值 1;
    属性 2:属性值 2;
    属性 3:属性值 3;
    …
}
```

案例 example3-10.html 演示了通用兄弟选择器的使用，主体代码如下：

```
<!DOCTYPE html>
<html lang="en">
```

```
<head>
    <meta charset="UTF-8" />
    <title>通用兄弟选择器的使用</title>
    <style type="text/css">
        div ~ p {
                text-decoration:underline;
        }
    </style>
</head>
<body>
<h1>通用兄弟选择器</h1>
<p>选择指定元素的所有同级元素。</p>
<div>
    <p>div 中的段落 1。</p>
    <p>div 中的段落 2。</p>
</div>
<p>段落 3。不在 div 中。</p>
<code>一些代码</code>
<p>段落 4。不在 div 中。</p>
</body>
</html>
```

该案例在浏览器中的显示效果如图 3-11 所示。

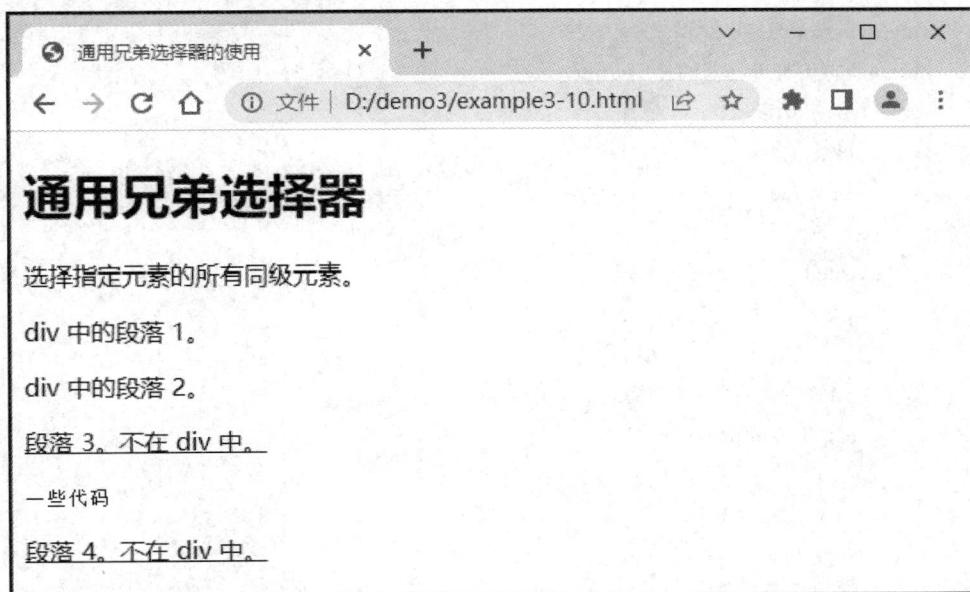

图 3-11　通用兄弟选择器的显示效果

从图 3-11 中可以看出，<div>标签后面的两个<p>标签里面的文本内容都添加了下画线。

3. 伪类选择器

伪类选择器之所以名字中有个"伪"字，是因为它所指定的对象在文档中并不存在，它指定的是一个与其相关的选择器的状态，用于当已有元素处于某个状态时，为其添加对应的样式，这个状态是根据用户行为而动态变化的。例如，当鼠标指针悬停在指定的元素上时，可以通过:hover 来描述这个元素的状态。伪类选择器和类选择器相似，但它不能像类选择器一样随意用别的名字。使用伪类时，用英文冒号来表示。

伪类可分为状态伪类和结构性伪类。

1) 状态伪类

状态伪类是基于元素当前状态进行选择的。在与用户的交互过程中，元素的状态是动态变化的，因此该元素会根据其状态呈现不同的样式。当元素处于某种状态时，会呈现该样式，当元素进入另一种状态后，该样式也会失去。

超链接伪类是应用最广泛的状态伪类，超链接能够以不同的方式显示。常见的超链接伪类主要包括以下几种：

(1) :link 应用于未访问过的超链接状态，即超链接被单击之前；

(2) :visited 应用于已访问过的超链接状态，即超链接被单击之后；

(3) :hover 应用于鼠标指针悬停到超链接上的状态，也就是鼠标指针放到网页的某个元素上时或划过某个元素时；

(4) :active 应用于被激活的超链接状态，即单击网页中的某个超链接且鼠标未被释放时。

案例 example3-11.html 演示了超链接伪类选择器的使用，主体代码如下：

```
<!DOCTYPE html>
<html lang="en">
<head>
    <meta charset="UTF-8" />
    <title>状态伪类选择器的使用</title>
    <style type="text/css">
        a:link {
          color: red;
        }
        a:visited {
          color: green;
        }
        a:hover {
          text-decoration:none;
        }
        a:active {
          color: blue;
        }
    </style>
</head>
```

```
<body>
    <a href="#">这是一个链接</a>
</body>
</html>
```

该案例在浏览器中的显示效果分别如图 3-12、图 3-13、图 3-14 和图 3-15 所示。

图 3-12　未访问过的超链接样式显示效果

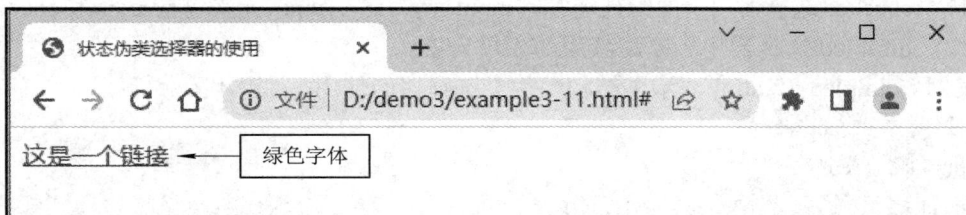

图 3-13　已访问过的超链接样式显示效果

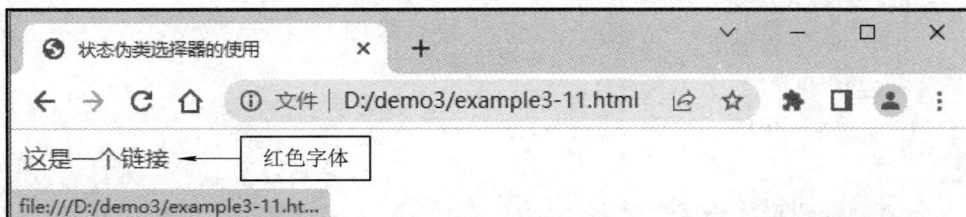

图 3-14　鼠标指针悬停时的显示效果

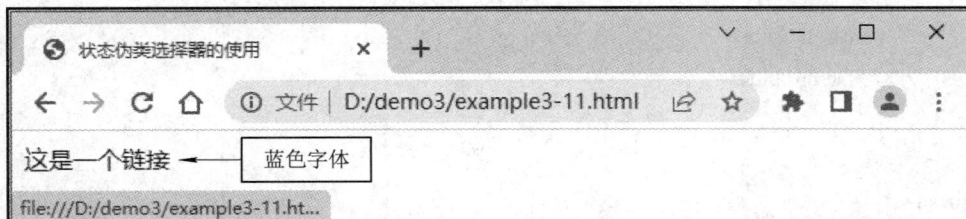

图 3-15　单击且鼠标未被释放时的显示效果

注意：a:hover 必须在 CSS 定义中的 a:link 和 a:visited 之后才能生效，a:active 必须在 CSS 定义中的 a:hover 之后才能生效，应注意它们的顺序；伪类名称不区分大小写。

2) 结构性伪类

结构性伪类是 CSS3 新增的选择器，利用文档树进行元素过滤。通过文档结构的相互关系来匹配元素，能够减少 class 和 id 属性的定义，使文档结构更简洁。

常见的结构性伪类包括以下几种：

(1) :first-child 选择器用于匹配属于其父元素的第一个子元素；

(2) :last-child 选择器用于匹配属于其父元素的最后一个子元素；

(3) :nth-child 选择器用于匹配属于其父元素的一个或多个特定的子元素；

(4) :nth-last-child 选择器用于匹配属于其父元素的一个或多个特定的子元素，从这个元素的最后一个子元素开始计算；

(5) :nth-of-type 选择器用于选择指定的元素；

(6) :nth-last-of-type 选择器用于选择指定的元素，从元素的最后一个开始计算；

(7) :first-of-type 选择器用于选择上级元素的第一个同类子元素；

(8) :last-of-type 选择器用于选择上级元素的最后一个同类子元素；

(9) :only-child 选择器用于选择它的父元素的唯一一个子元素；

(10) :only-of-type 选择器用于选择它的上级元素的唯一一个相同类型的子元素；

(11) :checked选择器用于匹配被选中的input元素，这个input元素包括radio和checkbox；

(12) :disabled 选择器用于匹配禁用的表单元素。

案例 example3-12.html 演示了结构性伪类选择器的使用，主体代码如下：

```html
<!DOCTYPE html>
<html lang="en">
<head>
    <meta charset="UTF-8" />
    <title>结构性伪类选择器的使用</title>
    <style type="text/css">
        p:first-child{
            color:red;
        }
        p:nth-child(2),p:nth-child(4){
            color:green;
        }
        p:last-child{
            color:blue;
        }
    </style>
</head>
<body>
    <p>这是段落 1</p>
    <p>这是段落 2</p>
    <p>这是段落 3</p>
    <p>这是段落 4</p>
    <p>这是段落 5</p>
    <p>这是段落 6</p>
```

```
        <p>这是段落 7</p>
        <p>这是段落 8</p>
</body>
</html>
```

该案例在浏览器中的显示效果如图 3-16 所示。

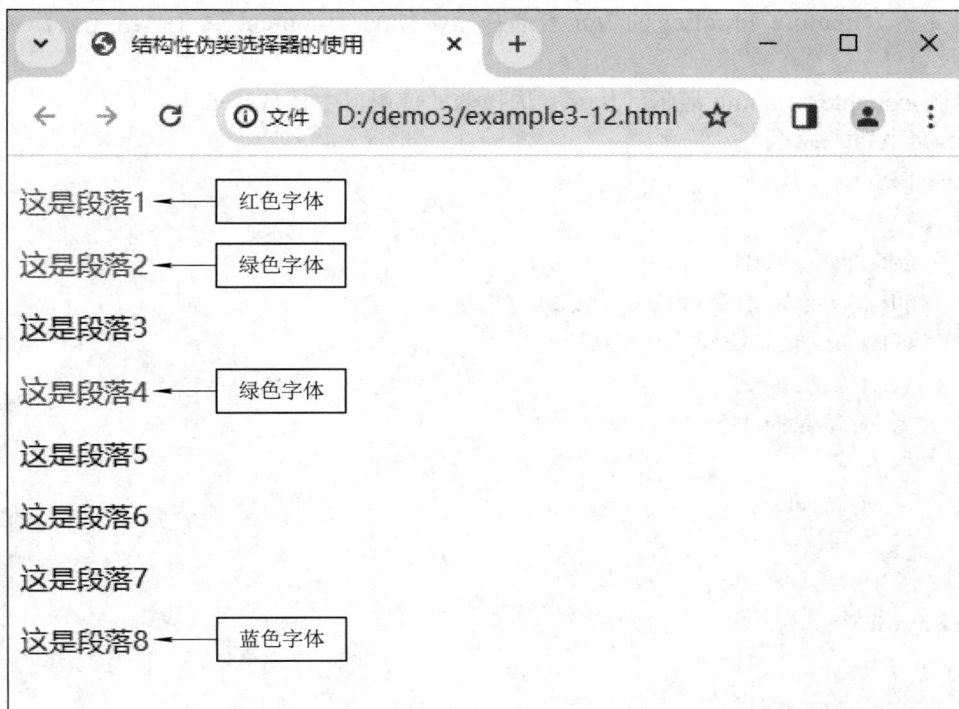

图 3-16　结构性伪类选择器的显示效果

4. 伪元素选择器

伪元素选择器是针对 CSS 中已定义的伪元素使用的选择器。CSS 伪元素用于设置元素指定部分的样式，用于创建一些不在文档树中的元素，并为其添加样式。例如，它可用于设置元素的首字母、首行的样式，在元素的内容之前或之后插入内容。在 CSS1 和 CSS2 中，伪元素的使用与伪类相同，都是使用一个英文冒号":"与选择器相连。但在 CSS3 中，将伪元素使用的单英文冒号":"改为双英文冒号"::"，以此来区分伪类和伪元素，其语法格式如下：

```
选择器::伪元素{
    属性 1:属性值 1;
    属性 2:属性值 2;
    属性 3:属性值 3;
    …
}
```

以下是常用的伪元素：

(1) ::first-letter 选择器用于选择元素文本的第一个字母；

(2) ::first-line 选择器用于选择元素文本的第一行；

(3) ::before 选择器用于在元素内容的最前面添加新内容；

(4) ::after 选择器用于在元素内容的最后面添加新内容；

(5) ::selection 选择器用于匹配被用户选中或者处于高亮状态的部分；

(6) ::placeholder 选择器用于匹配占位符的文本，只有元素设置了 placeholder 属性时，该伪元素选择器才能生效。

伪元素为::before 和::after 的伪元素选择器必须配合 content 属性，给元素添加一些内容。

案例 example3-13.html 演示了伪元素选择器的使用，主体代码如下：

```html
<!DOCTYPE html>
<html lang="en">
<head>
    <meta charset="UTF-8" />
    <title>伪元素的使用</title>
    <style type="text/css">
        .style1::before{
            content:'***';
        }
        .style2::after{
            content:'***';
        }
    </style>
</head>
<body>
<p class="style1">这是段落 1</p>
<p>这是段落 2</p>
<p class="style2">这是段落 3</p>
</body>
</html>
```

该案例在浏览器中的显示效果如图 3-17 所示。

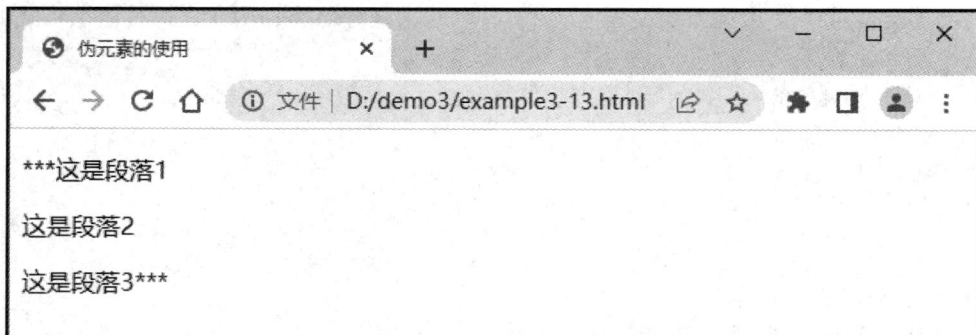

图 3-17　伪元素的显示效果

从图 3-17 中可以看出，第一个段落前面插入了内容***，第三个段落后面插入了***，第二个段落内容没有变化。

5. 属性选择器

属性选择器根据标签的属性来匹配元素。属性选择器可以为带有特定属性的 HTML 元素设置样式。CSS 中共有七种属性选择器。

1) [attribute]选择器

[attribute]选择器是最基本的属性选择器，用于匹配带有指定属性的元素，无论属性值是什么。例如以下代码：

```
a[target] {
    background-color: red;
}
```

表示选择所有带有 target 属性的 a 元素，设置背景色为红色。

2) [attribute="value"]选择器

[attribute="value"]选择器用于匹配带有指定属性和值的元素。例如以下代码：

```
a[target="_blank"] {
    background-color:red;
}
```

表示选择所有 target 属性值为 "_blank" 的 a 元素，设置背景色为红色。

3) [attribute~="value"]选择器

[attribute~="value"]选择器用于匹配属性值包含指定词的元素。例如以下代码：

```
a[title~="web"] {
    background: red;
}
```

表示选择所有 title 属性值包含 "web" 单词的 a 元素，设置背景色为红色。

4) [attribute|="value"]选择器

[attribute|="value"]选择器用于匹配指定属性以指定值开头的元素。例如以下代码：

```
a[class|="top"] {
    background: red;
}
```

表示选择所有 class 属性值为 "top" 或以 "top" 开头的 a 元素，设置背景色为红色。需要注意的是，class 属性值必须是完整或单独的单词。

5) [attribute^="value"]选择器

[attribute^="value"]选择器用于匹配指定属性以指定值开头的元素。例如以下代码：

```
a[class^="top"] {
    background: red;
}
```

表示选择所有 class 属性值为 "top" 开头的 a 元素，设置背景色为红色。需要注意的是，class 属性值不必是完整单词。

6) [attribute$="value"]选择器

[attribute$="value"]选择器与[attribute^="value"]选择器相反，用于匹配指定属性以指定值结尾的元素。例如以下代码：

```
a[class$="top"] {
    background: red;
}
```

表示选择所有 class 属性值为 "top" 结尾的 a 元素，设置背景色为红色。同样，class 属性值不必是完整单词。

7) [attribute*="value"]选择器

[attribute*="value"]选择器用于匹配属性值包含指定词的元素。例如以下代码：

```
a[class*="te"] {
    background: red;
}
```

表示选择所有 class 属性值包含 "te" 的 a 元素，设置背景色为红色。同样，class 属性值不必是完整单词。

6.1.4　选择器的优先级

如果一个元素使用了多个 CSS 样式，则会按照选择器的优先级来给定样式，此时要用到 CSS 选择器的层叠特性。当因多个选择器定义的样式应用在同一个元素上而发生冲突时，按优先级来决定哪个起作用，优先级高的优先应用。

当选择器相同时，后写的样式会覆盖先写的样式。

当选择器不同时，选择器的优先级关系如下：行内样式 > id 选择器 > 类选择器 > 元素选择器 > 通配符选择器 > 继承 > 浏览器默认属性。

当行内样式、内部样式和外部样式同时应用于同一个元素，即使用多重样式时，优先级如下：行内样式 > 内部样式 > 外部样式。

此外，CSS 定义了一个!important 命令，使用该命令会覆盖网页中任何位置定义的元素样式。应慎用该命令，因为它具有最大优先级。

案例 example3-14.html 演示了选择器的优先级，主体代码如下：

```
<!DOCTYPE html>
<html lang="en">
<head>
    <meta charset="UTF-8" />
    <title>选择器的优先级</title>
    <style type="text/css">
        div{
            color:yellow;
        }
        #box{
```

```
            color:blue;
        }
        .dv{
            color:green;
        }
        *{
            color:black;
        }
    </style>
</head>
<body>
    <div id="box" class="dv" style="color:red;">
        这是一个 div
    </div>
</body>
</html>
```

该案例在浏览器中的显示效果如图 3-18 所示。

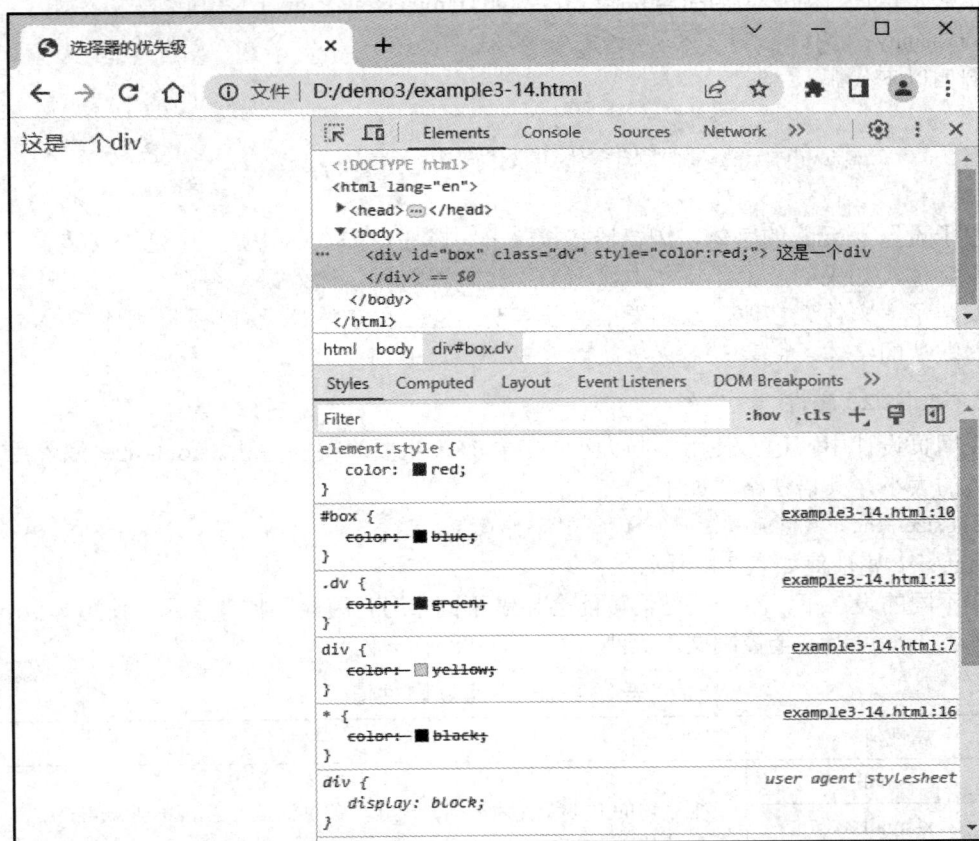

图 3-18　选择器的优先级显示效果

当浏览器中有打开的网页时，按下 F12 键，可进入代码调试模式。可以看出，选中 div 元素后，#box、.dv、div、*的样式都有，但是被画了删除线，不生效，说明这个代码中行内样式的优先级最高。

6.2 CSS 字体、段落与文本修饰设置

CSS 的网页排版功能强大，不仅可以控制文本的大小、颜色、对齐方式、字体，还可以控制行高、首行缩进、字母间距和字符间距等。

6.2.1 字体样式常用属性

1. font-family 属性

在 CSS 中，可以使用 font-family 属性设置元素的字体。font-family 属性应包含多个字体名称作为"后备"系统，以确保浏览器之间的最大兼容性。font-family 属性可以同时指定多个字体，中间以逗号隔开，若有英文字体，则英文字体要放在中文字体的前面。如果浏览器不支持第一个字体，就会尝试下一个字体，直到找到合适的字体为止。如果字体名称不止一个单词，则必须用引号引起来，例如"Times New Roman"。其语法格式如下：

font-family : "字体 1", "字体 2", "字体 3";

例如以下代码：

```
p{
    font-family:   "微软雅黑", "宋体", "楷体";
}
```

用于设置 p 元素的字体，浏览器将按照书写顺序，先查找计算机中是否安装了"微软雅黑"字体，如果安装了，将文本显示为"微软雅黑"字体效果，否则继续查找计算机中是否安装了"宋体"字体，以此类推。若声明中的三种字体都没有找到，则将文本显示为浏览器默认的字体。

2. font-size 属性

在网页设计中，通常使用不同大小的字体来突出要表现的主题。font-size 属性用于设置字体的大小，其语法格式如下：

font-size: length(数值) | 关键词 | %(百分比);

font-size 属性值如表 3-4 所示。

在不同的设备下，同一关键词可能会显示不同字号，因此不推荐使用。使用单位 px 设置文本大小，可以完全控制文本大小。

表 3-4　font-size 属性值

属性值	含　义
xx-small	把字体的大小设置为不同的尺寸，关键词从 xx-small 到 xx-large 默认值为 medium
x-small	
small	

属性值	含　义
medium	把字体的大小设置为不同的尺寸，关键词从 xx-small 到 xx-large 默认值为 medium
large	
x-large	
xx-large	
smaller	把字体的大小设置为比父元素更小的尺寸
larger	把字体的大小设置为比父元素更大的尺寸
length(数值)	把字体的大小设置为一个固定的数值，可以使用相对长度单位，如 em，也可以使用绝对长度单位，推荐使用单位 px
%(百分比)	把字体的大小设置为基于父元素的一个百分比值
inherit	规定从父元素继承字体尺寸

案例 example3-15.html 演示了 font-size 属性的使用，主体代码如下：

```
<!DOCTYPE html>
<html lang="en">
<head>
    <meta charset="UTF-8" />
    <title>font-size 属性的使用</title>
    <style type="text/css">
        h1 {
            font-size: 40px;
        }
        h2 {
            font-size: 30px;
        }
        .font1 {
            font-size: 14px;
        }
        .font3{
            font-size:20px;
        }
    </style>
</head>
<body>
<h1>这是标题  1</h1>
<h2>这是标题  2</h2>
<p class="font1">这是段落 1。</p>
<p>这是段落 2。</p>
```

```
<p class="font3">这是段落 3。</p>
</body>
</html>
```

该案例在浏览器中的显示效果如图 3-19 所示。

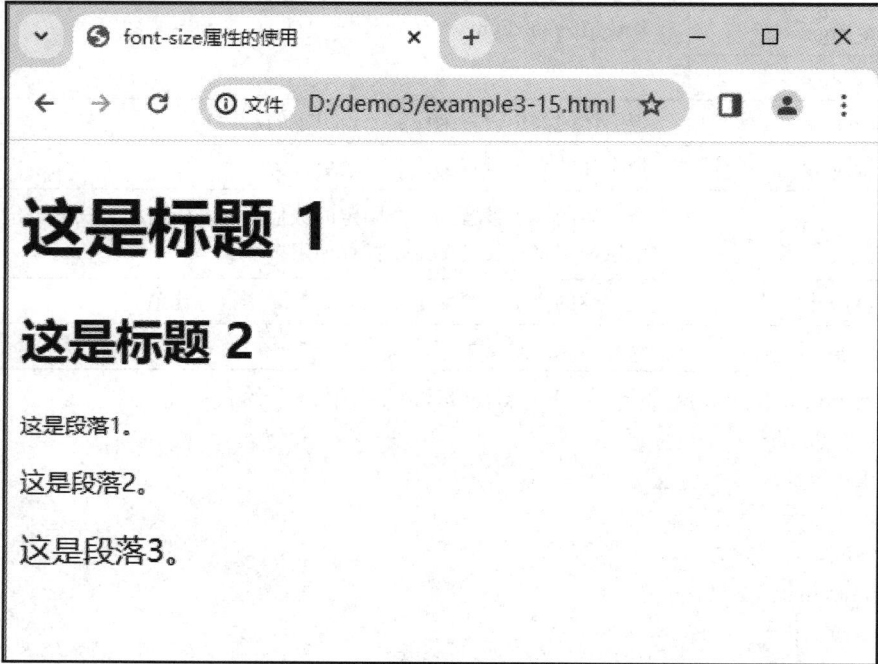

图 3-19　font-size 属性的显示效果

为了允许用户调整文本大小(在浏览器菜单中)，许多开发人员使用 em 而不是 px 作为单位。1 em 等于当前字体大小。浏览器中的默认文本大小为 16 px，因此 1 em 相当于 16 px。如果没有指定字体大小，则普通文本默认大小为 16 px。

3. font-weight 属性

font-weight 属性用于定义字体的粗细，其语法格式如下：

```
font-weight: normal|bold|bolder|lighter|number|initial|inherit;
```

font-weight 属性值如表 3-5 所示。

表 3-5　font-weight 属性值

属性值	含　义
normal	默认值，定义标准的字符
bold	定义粗体字符
bolder	定义更粗的字符
lighter	定义更细的字符
100～900(100 的整数倍)	定义由细到粗的字符，400 等同于 normal，700 等同于 bold
inherit	规定应该从父元素继承字体的粗细

4. font-style 属性

font-style 属性用于设置字体倾斜，其语法格式如下：

font-style: normal | italic | oblique | inherit;

font-style 属性值如表 3-6 所示。

表 3-6　font-style 属性值

属性值	含　义
normal	默认值，浏览器显示一个标准的字体样式
italic	浏览器会显示一个斜体的字体样式
oblique	浏览器会显示一个倾斜的字体样式
inherit	规定应该从父元素继承字体样式

案例 example3-16.html 演示了 font-weight 属性与 font-style 属性的使用，主体代码如下：

```
<!DOCTYPE html>
<html lang="en">
<head>
    <meta charset="UTF-8" />
    <title>font-weight 与 font-style 属性的使用</title>
    <style>
            p.normal {
                font-style: normal;
                font-weight: normal;
            }
            p.thick {
                font-weight: bold;
            }
            p.thicker {
                font-weight: 900;
            }
            p.italic {
                font-style: italic;
            }
            p.oblique {
                font-style: oblique;
            }
    </style>
</head>
<body>
    <p class="normal">这是一个段落，正常</p>
    <p class="light">这是一个段落，细的字符</p>
```

```
            <p class="thick">这是一个段落，粗体</p>
            <p class="thicker">这是一个段落，粗体</p>
            <p class="italic">这是一个段落，斜体。</p>
            <p class="oblique">这是一个段落，斜体。</p>
        </body>
    </html>
```

该案例在浏览器中的显示效果如图 3-20 所示。

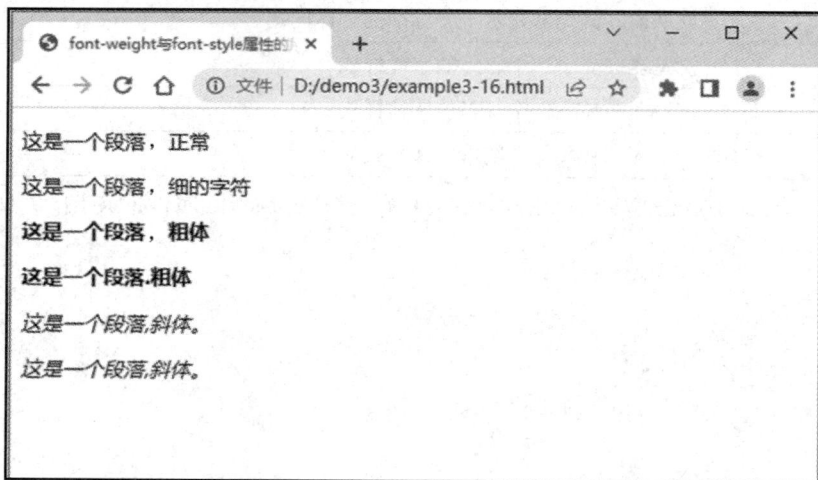

图 3-20   font-weight 属性与 font-style 属性的显示效果

5. font 属性

font 属性是复合属性，用于综合设置字体样式。为了缩短代码，也可以在一个属性中指定所有单个字体属性，在一条声明中设置所有字体属性，其语法格式如下：

```
选择器{font: font-style font-variant font-weightfont-size/line-height font-family;}
```

使用 font 属性时，必须按上面语法格式中的顺序书写，各个属性之间以空格隔开。例如以下代码：

```
p{font: italic bold 24px "宋体";}
```

等价于以下代码：

```
p{
    font-style: italic;
    font-weight: bold;
    font-size: 24px;
    font-family: "宋体";
}
```

在以上代码中,不需要设置的属性可以省略(取默认值),但必须保留 font-size 和 font-family 属性，否则 font 属性将不起作用。

案例 example3-17.html 演示了 font 属性的使用，主体代码如下：

```
<!DOCTYPE html>
<html lang="en">
```

```
<head>
    <meta charset="UTF-8" />
    <title>font 属性的使用</title>
    <style type="text/css">
    p.a {
        font: 20px "黑体";
    }
    p.b {
        font: italic bold 16px/30px "宋体";
    }
    </style>
</head>
<body>
<h1>font 属性</h1>
<p class="a">这是一个段落。字体大小设置为 20px，字体是黑体。</p>
<p class="b">这是一个段落。字体设置了倾斜和加粗，字体大小为 16px，行高是 20px，字体是宋体。</p>
</body>
</html>
```

该案例在浏览器中的显示效果如图 3-21 所示。

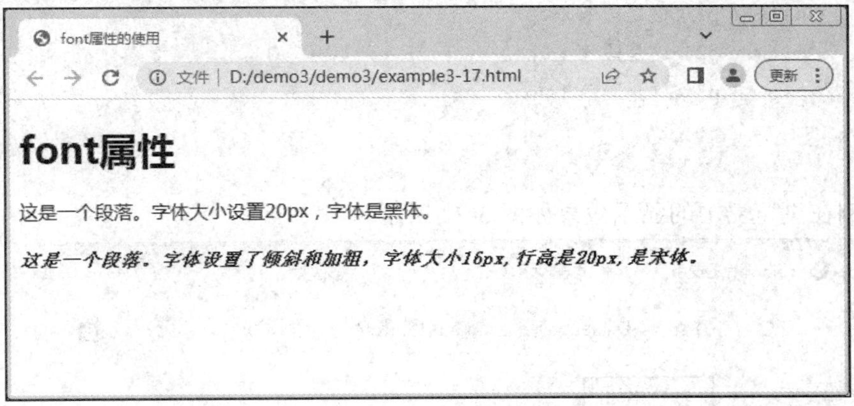

图 3-21　font 属性的显示效果

6. color 属性

color 属性用来定义文本的颜色，其属性值常用的取值方式有以下几种。

1) 关键词

关键词即预定义的颜色值，如 red、green、blue 等。这种写法虽然符合人们的思考逻辑，但是存在如下缺点：

(1) 颜色值有限；

(2) 颜色名很难记忆；

(3) 拼写错误会产生意想不到、难以发现的后果。

2) 十六进制值

十六进制值即用#RRGGBB 规定十六进制颜色，其中 RR(红色)、GG(绿色)和 BB(蓝色)十六进制整数指定颜色的成分(分量)，所有值必须在 00 到 FF 之间。

注意：值中间没有空格、逗号或其他分隔符；当 RR、GG、BB 对应的两位数字相同时，可以写成一个数字；常见的黑色表示为#000000，也可以表示为#000；白色表示为#FFFFFF，也可以表示为# FFF。

案例 example3-18.html 演示了 color 属性的使用，主体代码如下：

```
<!DOCTYPE html>
<html lang="en">
<head>
    <meta charset="UTF-8" />
    <title>color 属性的使用</title>
    <style type="text/css">
        .p1 {color: red}   /* 红色 */
        .p2 {color: #00ff00;}   /* 绿色 */
        .p3 {color: #00f;}   /* 蓝色 */
    </style>
</head>
<body>
        <p class="p1">这是段落 1</p>
        <p class="p2">这是段落 1</p>
        <p class="p3">这是段落 1</p>
</body>
</html>
```

该案例在浏览器中的显示效果如图 3-22 所示。

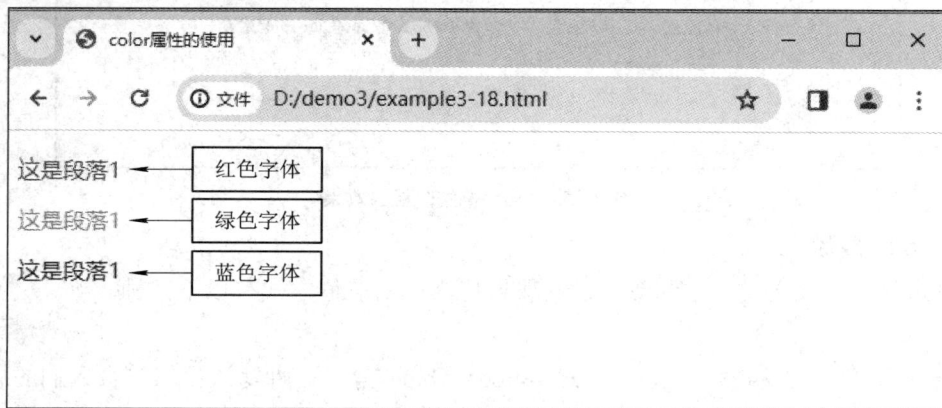

图 3-22　color 属性的显示效果

使用十六进制的优点如下：

(1) 几乎所有的浏览器都支持十六进制颜色；

(2) 比颜色名的表达方式支持更多的颜色；

(3) 红色、白色、黑色这些值比较容易记忆。

实际开发中，十六进制是最常用的定义颜色的方式。

3) rgb 颜色

rgb 颜色由 rgb()函数规定，其语法格式如下：

```
rgb(red, green, blue)
```

其中，属性 red、green、blue 用来定义颜色的强度，可以是 0～255 的整数，也可以是 0%～100%的百分比值。应特别注意的是，整数和百分比值不可以混合使用，并且 0%的百分号不可以省略。

例如，rgb(255,0,0)显示为红色，因为 red 属性设置为其最高值(255)，其他属性设置为 0。rgb(100%,0%,0%)也显示为红色，因为 red 属性设置为其最高值(100%)，其他属性设置为 0%。

4) rgba 颜色

rgba 颜色是在 rgb 颜色的基础上加上 alpha 通道，用来指定颜色的透明度，其语法格式如下：

```
rgba(red, green, blue, alpha)
```

其中，alpha 属性是一个介于 0.0(完全透明)和 1.0(完全不透明)之间的数字。

6.2.2　段落样式常用属性

1. text-align 属性

text-align 属性用于设置元素中文本的水平对齐方式，其语法格式如下：

```
text-align: left | right | center | justify;
```

text-align 属性值如表 3-7 所示。

表 3-7　text-align 属性值

属性值	含　义
left	默认值，左对齐，由浏览器决定
right	右对齐
center	水平居中对齐
justify	水平两端对齐

需要注意的是，text-align 属性只适用于块状元素或行内块状元素，对于行内元素是无效的。

2. text-indent 属性

段落的首行缩进是最常用的文本格式化手段。使用 text-indent 属性可以方便地实现首行缩进。可以为所有块状元素应用 text-indent 属性，但不能应用于行内元素，其语法格式如下：

```
text-indent : length(长度) | 百分比 | inherit;
```

text-indent 属性值如表 3-8 所示。

表 3-8　text-indent 属性值

属性值	含　义
length(长度)	定义固定的缩进量，默认值为 0px
百分比(%)	定义基于父元素宽度的百分比的缩进

当使用 length(长度)时，可以用 px 等绝对单位，也可以用 em 等相对单位。

在指定属性值时，可以使用正数(即"首行缩进"效果)，也可以使用负数(即"悬挂缩进"效果)。

3. line-height 属性

在 HTML 中是无法控制行高的，在 CSS 样式中，使用 line-height 属性可以控制行与行之间的垂直距离，其语法格式如下：

line-height: normal | 数字 | length | 百分比;

line-height 属性值如表 3-9 所示。

表 3-9　line-height 属性值

属性值	含　义
normal	默认值，设置合理的行间距，大多数浏览器默认行高约为 20px
number	设置数字，此数字会与当前的字体尺寸相乘来确定行间距
length	设置固定的行间距
%	基于当前字体尺寸的百分比行间距

案例 example3-19.html 演示了 text-align、text-indent、line-height 这三个属性的使用，主体代码如下：

```
<!DOCTYPE html>
<html lang="en">
<head>
    <meta charset="UTF-8" />
    <title>text-align、text-indent、line-height 属性的使用</title>
    <style type="text/css">
        h1,h5 {
            text-align:center;
        }
        h5 {
            color:#999;
        }
        .p1 {
            text-indent: 2em;
        }
        .p2{
            line-height: 1.5em;
        }
        .p3{
            text-align:right;
        }
    </style>
```

```
    </head>
    <body>
        <h1>信息工程学院党总支开展"法德讲堂"活动</h1>
        <h5>时间：2023-03-14 点击数：15</h5>
        <p class="p1">为进一步营造"重法厚德、法德并举"的浓厚氛围，丰富学生的法律知识，3 月 7
日，信息工程学院党总支组织学生在教学楼 C406 开展"法德讲堂"活动。本次活动由信息工程学院辅导
员刘浩为主持，50 余名学生参与。</p>
        <p class="p2">本期法德讲堂以"青春韶华 与法同行"为主题，围绕思省心、学模范、看短片、
诵经典、谈感悟、送吉祥六个环节开展，并结合自身的经验教训，让同学们更好地理解国家、社会以及学
校为何要不断加强大学生法治教育，引导大家正确认识民主与法制、自由与纪律、道德与法律的关系，真
正做到知法、学法、懂法、守法、用法、护法。</p>
        <p class="p1">活动中，学生们观看了大学生自制短片——《那一年，我被骗入传销》，并分享了
心中感受，共同感悟法治的力量，观看了警示案例。活动最后，学生代表为参加活动的师生送上一本笔记
本作为纪念。</p>
        <p class="p2">通过此次六个环节活动的开展，大家纷纷表示，要学好人，长好心，在社会上当
好人，做好事，立德修身，遵纪守法，增强主观能动性，自觉做一个知法、学法、守法的新时代大学生。</p>
        <p class="p3">(供稿：刘浩为；编辑：辛国盛)</p>
    </body>
</html>
```

该案例在浏览器中的显示效果如图 3-23 所示。

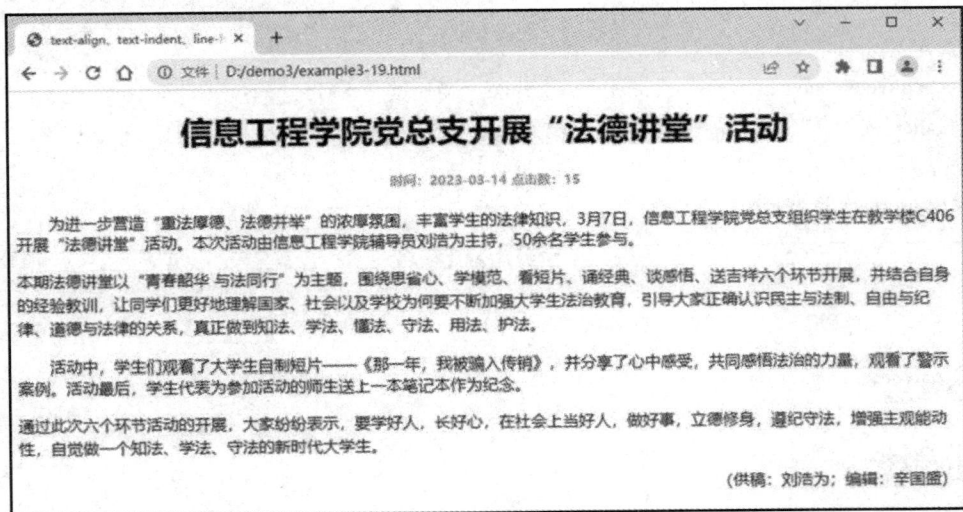

图 3-23　text-align、text-indent、line-height 这三个属性的显示效果

6.2.3　文本修饰常用属性

1. text-decoration 属性

text-decoration 属性主要用于对文本进行简单的修饰，其语法如下：

```
text-decoration: none | underline | overline | line-through;
```

text-decoration 属性值如表所示。

表 3-10　text-decoration 属性值

属性值	含　义
none	默认值，设置标准的文本，即无修饰
underline	设置文本下方的一条线，即下划线效果
overline	设置文本上方的一条线，即上划线效果
line-through	设置穿过文本的一条线，即单删除线效果

案例 example3-20.html 演示了 text-decoration 属性的使用，主体代码如下：

```
<!DOCTYPE html>
<html lang="en">
<head>
    <meta charset="UTF-8" />
    <title>text-decoration 属性的使用</title>
</head>
<body>
    <h1 style="text-decoration: underline;">下画线</h1>
    <h1 style="text-decoration: line-through;">删除线</h1>
    <h1 style="text-decoration: overline;">上画线</h1>
    <p><a  href="#" style="text-decoration: none;">链接文本</a>，默认情况下链接是有下画线的，
可以设置为无。</p>
    <p style=" text-decoration: underline overline;">上画线与下画线</p>
</body>
</html>
```

该案例在浏览器中的显示效果如图 3-24 所示。

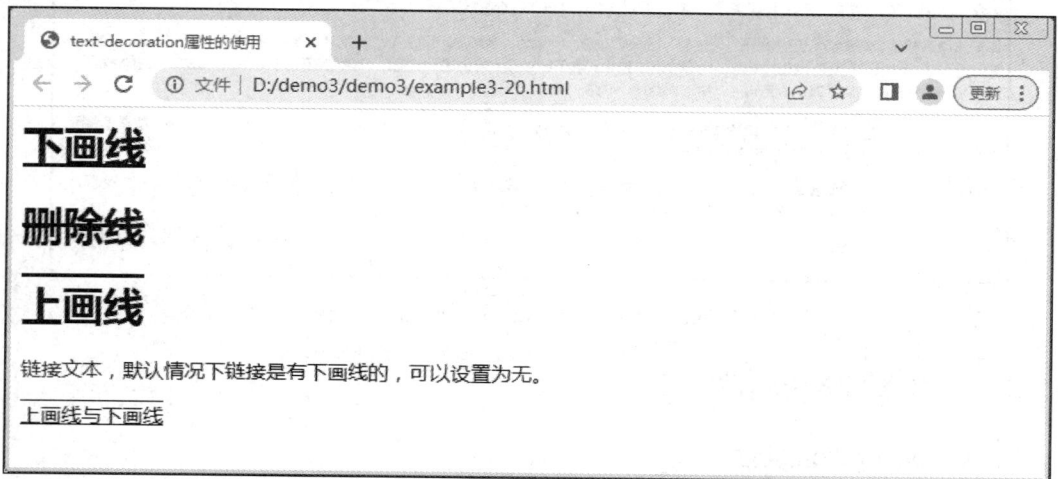

图 3-24　text-decoration 属性的显示效果

上述案例中使用了行内样式来实现效果。

text-decoration 属性是一个复合属性，是 text-decoration-line、text-decoration-color、text-decoration-style 这三个属性的简写，因此 text-decoration 属性的属性值还可以写上修饰线的颜色和线型。例如，下面的代码除了设置下画线，还设置了修饰线的颜色和线型。

```
text-decoration: underline dotted red; /*红色点虚线型下画线*/
```

2. letter-spacing 属性

letter-spacing 属性用来增加或减少字符间的空白(字符间距)，其语法格式如下：

```
letter-spacing: normal | length;
```

letter-spacing 属性值如表 3-11 所示。

表 3-11　letter-spacing 属性值

属性值	含　义
normal	默认值，规定字符间没有额外的空间，效果等同于 0
length	定义字符间的固定空间间距(允许使用负值)

案例 example3-21.html 演示了 letter-spacing 属性的使用，主体代码如下：

```
<!DOCTYPE html>
<html lang="en">
<head>
    <meta charset="UTF-8" />
    <title>letter-spacing 属性的使用</title>
    <style type="text/css">
        .title1 {
            letter-spacing: 3px;
        }
        .title2 {
            letter-spacing: -3px;
        }
    </style>
</head>
<body>
    <h1 class="title1">这是标题 1</h1>
    <h1>这是标题 1</h1>
    <h1 class="title2">这是标题 1</h1>
</body>
</html>
```

该案例在浏览器中的显示效果如图 3-25 所示。

图 3-25　letter-spacing 属性的显示效果

3. word-spacing 属性

word-spacing 属性用于指定文本中英文单词之间的间距(即字间距),这个属性设置元素中字之间插入多少空白符。在浏览器中,通过空白符包围的一个字符串来识别一个"字",对中文无效,其语法格式如下:

word-spacing: normal | length;

word-spacing 属性值如表 3-12 所示。

表 3-12　word-spacing 属性值

属性值	含　义
normal	默认值,效果等同于设置为 0
length	定义字间距的固定值(允许使用负值)

4. text-transform 属性

text-transform 属性用于设置文本中的大小写。它可用于将所有内容转换为大写字母或小写字母,或将每个单词的首字母大写,其语法格式如下:

text-transform: none | capitalize | uppercase | lowercase

text-transform 属性值如表 3-13 所示。

表 3-13　text-transform 属性值

属性值	含　义
none	默认值,定义带有小写字母和大写字母的标准文本
capitalize	文本中的每个单词以大写字母开头
uppercase	全部大写,即所有的小写字母都会转换成大写字母
lowercase	全部小字,即所有的大写字母都会转换成小写字母

案例 example3-22.html 演示了 text-transform 属性的使用,主体代码如下:

```
<!DOCTYPE html>
<html lang="en">
```

```
<head>
    <meta charset="UTF-8">
    <title> text-transform 属性的使用 </title>
    <style>
        p.uppercase {text-transform:uppercase;}
        p.lowercase {text-transform:lowercase;}
        p.capitalize {text-transform:capitalize;}
    </style>
</head>
<body>
    <p class="uppercase">This is some text.</p>
    <p class="lowercase">This is some text.</p>
    <p class="capitalize">This is some text.</p>
</body>
</html>
```

该案例在浏览器中的显示效果如图 3-26 所示。

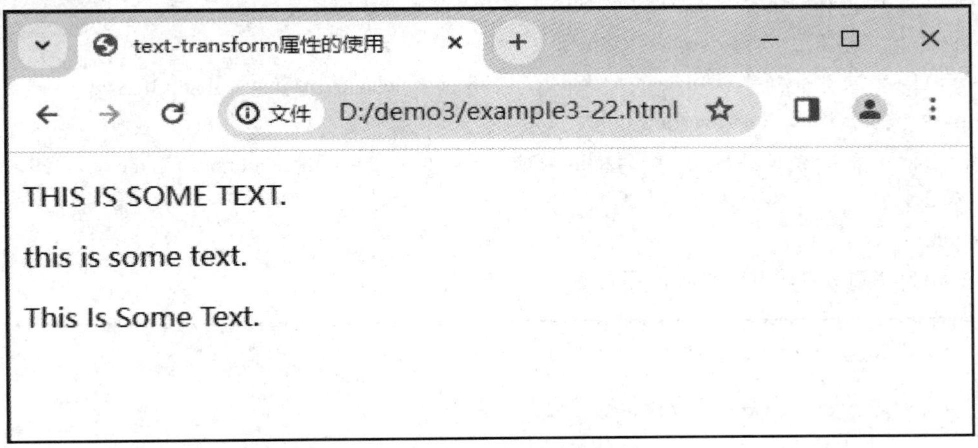

图 3-26　text-transform 属性的显示效果

5. text-overflow 属性

text-overflow 属性用于设定内容溢出状态下的文本处理方式，其语法格式如下：

text-overflow: clip|ellipsis|string

text-overflow 属性值如表 3-14 所示。

表 3-14　text-overflow 属性值

属性值	含　　义
clip	修剪文本
ellipsis	显示省略符号来代表被修剪的文本
string	使用给定的字符串来代表被修剪的文本

案例 example3-23.html 演示了 text-overflow 属性的使用，主体代码如下：

```
<!DOCTYPE html>
<html lang="en">
<head>
    <meta charset="UTF-8" />
    <title>text－overflow 属性的用法</title>
    <style type="text/css">
    .test {
        white-space:nowrap;
        width:12em;
        overflow:hidden;
        border:1px solid #000000;
    }
    </style>
</head>
<body>
<p>下面两个 div 包含无法在框中容纳的长文本。文本被修剪了。</p>
<p>这个 div 使用 "text-overflow:ellipsis"：</p>
<div class="test" style="text-overflow:ellipsis;">This is some long text that will not fit in the box</div>
<p>这个 div 使用 "text-overflow:clip"：</p>
<div class="test" style="text-overflow:clip;">This is some long text that will not fit in the box</div>
</body>
</html>
```

该案例在浏览器中的显示效果如图 3-27 所示。

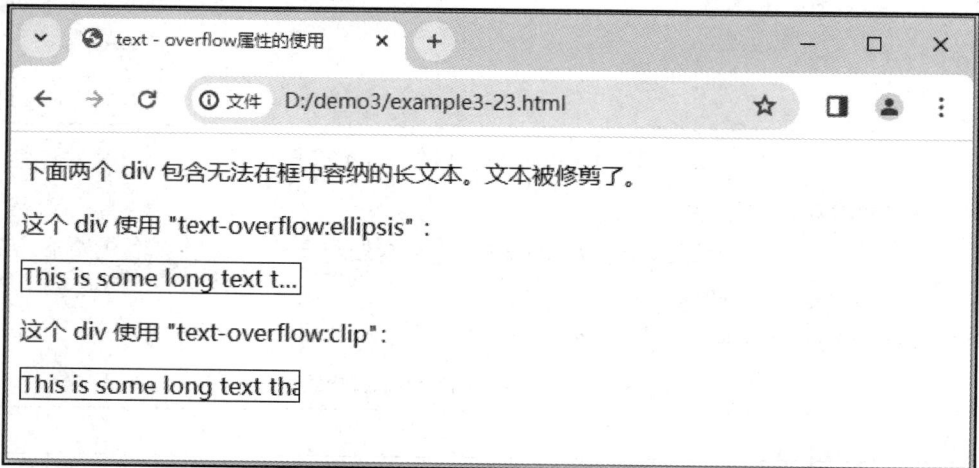

图 3-27　text-overflow 属性的显示效果

6. text-shadow 属性

text-shadow 属性用于为网页中的文本添加阴影效果，其语法格式如下：

text-shadow: h-shadow v-shadow blur color

text-shadow 属性值如表 3-15 所示。

表 3-15　text-shadow 属性值

属性值	含　义
h-shadow	必选，表示水平阴影的位置，允许为负值
v-shadow	必选，表示垂直阴影的位置，允许为负值
blur	可选，表示模糊的距离

案例 example3-24.html 演示了 text-shadow 属性的使用，给一号标题文字添加红色阴影模糊效果，主体代码如下：

```
<!DOCTYPE html>
<html lang="en">
<head>
    <meta charset="UTF-8" />
    <title>text-shadow 属性的使用</title>
    <style type="text/css">
        h1 {
            text-shadow:2px 2px 8px #f00;
        }
    </style>
</head>
<body>
<h1>文字阴影模糊效果</h1>
<h2>正常文字效果</h2>
</body>
</html>
```

该案例在浏览器中的显示效果如图 3-28 所示。

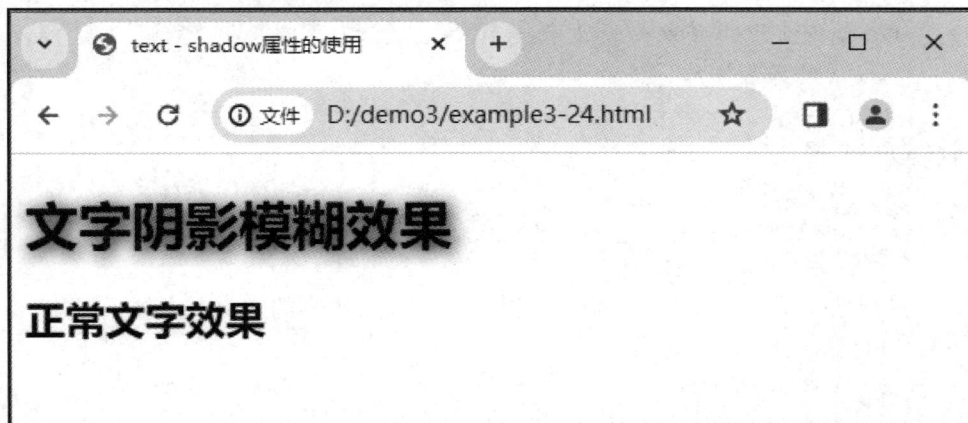

图 3-28　text-shadow 属性的显示效果

6.3 任务实现

本任务是在任务 3 HTML 结构的基础上美化设计网页，故省掉了网页的 HTML 结构，具体实施步骤如下。

(1) 启动 Sublime Text，打开项目 2 任务 3 的 xxzl.html 文件。

(2) 采用内部样式表引入样式的方法，在 HTML 头部删除原有的<link>标签、<style>标签和<script>标签及内容，添加 CSS 样式标签<style>，添加后的文件头部代码如下：

```
<head>
    <meta charset="UTF-8" />
    <meta name="keywords" content="党的二十大专题网,学习资料">
    <title>学习资料</title>
    <style>

    </style>
</head>
```

(3) 在<style>标签中写入 CSS 样式美化设计网页。

① 设置所有文本为微软雅黑、16 px、黑色字体，主体代码如下：

```
body{
    font:16px "微软雅黑";
    color:#000;
}
```

② 修改超链接默认样式，设置超链接文本不带下画线，字体倾斜，未访问时文本颜色为灰色，鼠标指针经过、悬停时颜色为红色，并且字体加粗，主体代码如下：

```
a{
    color:#808080;
    text-decoration:none;
    font-style:italic;
}
a:hover{
    color:#f00;
    font-weight:bold;
}
```

③ 设置一号标题文本水平居中对齐，并且添加阴影模糊的效果，主体代码如下：

```
h1{
    text-align:center;
    text-shadow:2px 2px 8px #000;
}
```

④　设置网页正文部分的超链接文本未访问时为黑色，鼠标指针经过、悬停时颜色为红色，带有下画线，字体正常模式。第②步完成后，所有的超链接文本样式一致。为了区分网页正文部分的超链接文本，使用后代选择器设置 CSS 样式，主体代码如下：

```css
p a{
    font-style:normal;
    color:#000;
}
p a:hover{
    text-decoration:underline;
}
```

文件 xxzl.html 的完整代码如下：

```html
<!DOCTYPE html>
<html lang="en">
<head>
    <meta charset="UTF-8" />
    <meta name="keywords" content="党的二十大专题网,学习资料">
    <title>学习资料</title>
    <style>
    body{
        font:16px "微软雅黑";
        color:#000;
    }
    a{
        color:#808080;
        text-decoration:none;
        font-style:italic;
    }
    a:hover{
        color:#f00;
        font-weight:bold;
    }
    h1{
        text-align:center;
        text-shadow:2px 2px 8px #000;
    }
    p a{
        font-style:normal;
        color:#000;
    }
```

```
        p a:hover{
            text-decoration:underline;
        }
        </style>
</head>
<body>
    <!—当前位置区域 -->
    <span>当前位置:</span><a href="index.html">首页</a>&gt;&gt;<a href="xxzl.html">学习资料</a>
    <!—标题区域 -->
    <h1>学习资料</h1>
    <hr>
    <!—正文区域 -->
    <p><a href="#">学习贯彻党的二十大精神，总书记这样指导部署</a></p>
    <p><a href="#">毅行大道天地阔——新征程上的中国将为人类发展进步做出更大贡献</a></p>
    <p><a href="#">贯彻党的二十大精神，推动新时代人大制度和人大工作完善发展</a></p>
    <p><a href="#">习近平：在党的十九届七中全会第二次全体会议上的讲话</a></p>
    <p><a href="#">教育部举行全国高校学习宣传党的二十大精神动员部署会暨师生巡讲团成立仪
式</a></p>
    <p><a href="#">习近平：更好把握和运用党的百年奋斗历史经验</a></p>
    <p><a href="#">习近平：把中国文明历史研究引向深入 增强历史自觉坚定文化自信</a></p>
    <p><a href="#">习近平：全党必须完整、准确、全面贯彻新发展理念</a></p>
    <p><a href="#">习近平：新发展阶段贯彻新发展理念必然要求构建新发展格局</a></p>
</body>
</html>
```

保存相关代码后，在浏览器中的显示效果如图 3-1 所示。至此，任务 6 全部完成。

任务 7　设计"学习动态"子页

知识目标

(1) 掌握图片相关 CSS 样式的设置方法。
(2) 掌握 CSS 边框设置的方法。
(3) 掌握 CSS 背景设置的方法。

能力目标

(1) 能够使用 CSS 设置图片样式。
(2) 能够灵活运用 CSS 设置元素的边框。
(3) 能够灵活运用 CSS 设置元素的背景。

素质目标

(1) 提升逻辑思维能力及动手能力。
(2) 培养创新创造能力。
(3) 培养自主学习能力。

任务描述

随着互联网技术的发展，"图"和"文"成为网页信息的主要载体。图片是网页中最重要的媒体元素之一，图片所具有的视觉效果是其他方式不能相比的。图片对于网页来说不仅起到装饰的作用，还起到深化网页的意义和内涵的作用。在网站制作时巧妙地使用图片，可以起到画龙点睛的作用。

在上一个任务中，我们对网页中的文本字符进行了各种美化设计。本任务通过设计"学习动态"子页，帮助读者重点学习图片相关的 CSS 样式、CSS 边框与背景设置，同时进一步学习贯彻党的二十大精神知识。任务 7 子页完成效果如图 3-29 所示。

图 3-29　"学习动态"子页完成效果

7.1 图片相关的 CSS 样式

7.1.1 图片大小

使用 CSS 样式控制图片的大小，可以通过 width 和 height 两个属性来实现。需要注意的是，当 width 和 height 两个属性的取值使用百分比数值时，是相对于父元素而言的。如果将这两个属性设置为相对于 body 元素的宽度或高度，就可以实现当浏览器窗口改变时，图片大小也发生相应变化的效果。例如以下代码：

```html
<!DOCTYPE html>
<html lang="en">
<head>
    <meta charset="UTF-8" />
    <title>设置图片的缩放</title>
    <style type="text/css">
        img {
            width: 50%;          /*相对宽度 50%*/
            height: 50%;         /*相对宽度 50%*/
        }
    </style>
</head>
<body>
    <img src=" images/flower.jpg">
</body>
```

以上代码将图片的宽度、高度设置为 50%，意味着将图片的宽度、高度设置为其父元素 body 宽度、高度的 50%，而不是图片本身的 50%。这样一来，图片的宽度、高度还可以随着父元素 body 宽度、高度的变化而变化，形成自适应的效果。如果 width 和 height 两个属性的取值为绝对像素值，图片将按照定义的像素值大小来显示。

7.1.2 图片的对齐方式

1. 图片的水平对齐方式

图片的水平对齐与文本的水平对齐类似，也有左、中、右的效果。但是，图片的水平对齐不能通过直接在图片上设置 text-align 属性来实现，而要通过为图片的父元素设置 text-align 属性来实现。

2. 图片的垂直对齐方式

图片的垂直对齐方式是指图片与文本之间的垂直对齐效果，是通过 vertical-align 属性设置来实现的，其语法格式如下：

vertical-align: baseline | sub | super | top | text-top | middle | bottom | text-bottom | length | % ;

vertical-align 属性值如表 3-16 所示。

表 3-16 vertical-align 属性值

属性值	含　义
baseline	默认值，元素放置在父元素的基线上
sub	垂直对齐文本的下标
super	垂直对齐文本的上标
top	把元素的顶端与行中最高元素的顶端对齐
text-top	把元素的顶端与父元素字体的顶端对齐
middle	把此元素放置在父元素的中部
bottom	使元素及其后代元素的底部与整行的底部对齐
text-bottom	把元素的底端与父元素字体的底端对齐
length	将元素升高或降低指定的高度，可以是负数
%	使用 line-height 属性的百分比值来排列此元素，允许使用负值

7.1.3 图文混排效果

在网页中，文本与图片经常会出现混合排版的效果，这种效果可以通过在图片上设置 float 属性来实现，其语法格式如下：

float: left | right | none;

float 属性值如表 3-17 所示。

表 3-17 float 属性值

属性值	含　义
left	元素向左浮动
right	元素向右浮动
none	默认值，元素不浮动

有关 float 属性的深入介绍和应用将在项目 4 中进行。

7.2 CSS 边框与背景设置

7.2.1 CSS 边框

网页中的元素都可以添加边框效果，可以通过 CSS 边框属性来实现。

每一个元素的边框都具备三个特征：边框粗细、边框线型、边框颜色，这三个特征决定了边框显示出来的外观。在 CSS 中，可以通过以下三个属性来设置边框的三个特征：border-style

属性用于设置边框样式，即边框线型，例如实线、虚线等；border-width 属性用于设置边框的宽度，即边框的粗细；border-color 属性用于设置边框的颜色。

1. border-style 属性

border-style 属性用来设置元素所有边框的样式或者某个边框单独的样式。它是一个复合属性，可以设置 1～4 个值(分别用于设置上边框、右边框、下边框和左边框的样式)，其语法格式如下：

border-style:border-top-style border-right-style border-bottom-style border-left-style

border-style 属性值如表 3-18 所示。

表 3-18　border-style 属性值

属性值	含　　义
none	无边框
dotted	点虚线边框
dashed	短线状虚线边框
solid	实线边框
double	双实线边框，其宽度等于 border-width 的值
groove	3D 凹槽边框，其效果取决于 border-color 的值
ridge	3D 脊线边框，其效果取决于 border-color 的值
inset	3D 嵌入边框，其效果取决于 border-color 的值
outset	3D 凸出边框，其效果取决于 border-color 的值

案例 example3-25.html 演示了 border-style 属性的用法，主体代码如下：

```
<!DOCTYPE html>
<html lang="en">
<head>
    <meta charset="UTF-8" />
    <title>border-style 属性的用法</title>
    <style type="text/css">
        p{border-color: #f00;}
        p.none {border-style:none;}
        p.dotted {border-style:dotted;}
        p.dashed {border-style:dashed;}
        p.solid {border-style:solid;}
        p.double {border-style:double;}
        p.groove {border-style:groove;}
        p.ridge {border-style:ridge;}
        p.inset {border-style:inset;}
        p.outset {border-style:outset;}
        p.hidden {border-style:hidden;}
        p.mix {border-style: dotted dashed solid double;}
```

```
        </style>
    </head>
    <body>
        <p class="none">无边框。</p>
        <p class="dotted">虚线边框。</p>
        <p class="dashed">虚线边框。</p>
        <p class="solid">实线边框。</p>
        <p class="double">双边框。</p>
        <p class="groove"> 凹槽边框。</p>
        <p class="ridge">垄状边框。</p>
        <p class="inset">嵌入边框。</p>
        <p class="outset">外凸边框。</p>
        <p class="mix">混合边框</p>
    </body>
</html>
```

该案例在浏览器中的显示效果如图 3-30 所示。

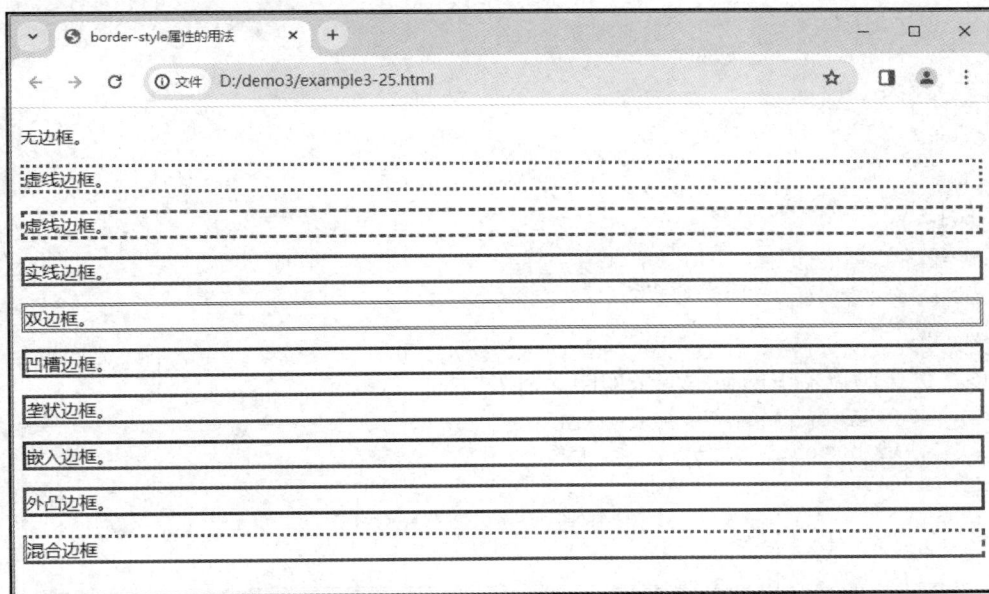

图 3-30　border-style 属性的显示效果

2. border-width 属性

border-width 属性用来设置元素所有边框的宽度或者某个边框单独的宽度。和边框样式一样，该属性可以设置 1～4 个值(分别用于设置上边框、右边框、下边框和左边框的宽度)，其语法格式如下：

border-width:border-top-width border-right-width border-bottom-width border-left-width

可以将宽度设置为特定大小(单位为 px、pt、cm、em)，也可以使用以下三个预定义单位之一：thin、medium、thick。

3. border-color 属性

border-color 属性用来设置元素所有边框的颜色或者某个边框单独的颜色,其语法格式如下:

border-color:border-top-color border-right-color border-bottom-color border-left-color;

边框颜色的取值与文本颜色的取值相同。

4. border 属性

border 属性是边框属性的简写,是一个复合属性。在使用时,需要指定边框的样式、宽度和颜色,其中样式必不可少,否则不能显示边框效果,其语法格式如下:

border: border-width border-style(必需) border-color;

案例 example3-26.html 演示了 border 属性的用法,主体代码如下:

```html
<!DOCTYPE html>
<html lang="en">
<head>
    <meta charset="UTF-8" />
    <title>border 属性的用法</title>
    <style type="text/css">
    p{
        border: medium double #f00;
    }
</style>
</head>
<body>
<p>段落文字</p>
</body>
</html>
```

该案例在浏览器中的显示效果如图 3-31 所示。

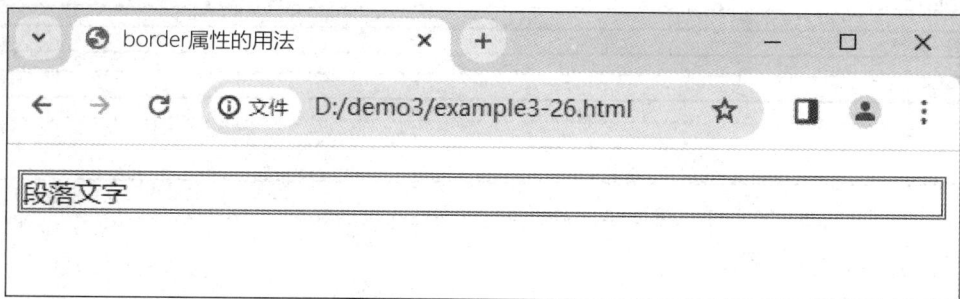

图 3-31　border 属性的显示效果

从上述例子可以看出,p 元素四个方向都具有同样效果的边框。

带方向的边框属性的使用方法与 border 属性相似。在 CSS 中,通过 border-top、border-right、border-bottom、border-left 四个属性来分别设置上、右、上、下、左四个方向的边框。例如,以下代码表示为一号标题设置了宽度为 1 px、颜色为红色、线型是实线的下边框。

```
h1{
    border-bottom:1px solid #f00;
}
```

7.2.2　CSS 背景

在网页设计中，无论是单一的纯色背景，还是加载的背景图片，都能够给整个网页带来丰富的视觉效果。CSS 允许应用颜色作为背景，也允许使用图片作为背景。

1. 背景颜色

在 CSS 中，background-color 属性用来设置元素的背景颜色。一般情况下，元素的背景颜色默认为透明的(transparent)，可以通过 background-color 属性来改变元素的背景颜色。可以用 background-color 属性给元素的背景颜色填充内容、内边距和边框区域，如果边框有透明部分，如双实线边框，则背景颜色会透过这些透明部分显示出背景颜色。可以为任何 HTML 元素设置背景颜色，语法格式如下：

```
background-color: color|transparent;
```

其中，color 属性的取值与文本颜色相同；opacity 属性用于指定元素的不透明度，取值范围为 0.0～1.0，值越低，背景越透明。

注意：使用 opacity 属性为元素的背景添加透明度时，其所有子元素都继承相同的透明度设置，这可能会使完全透明的元素内的文本难以阅读。

案例 example3-27.html 演示了 background-color 属性的用法，主体代码如下：

```
<html lang="en">
<head>
    <meta charset="UTF-8" />
    <title>background-color 属性的用法</title>
    <style type="text/css">
        body{
            background-color:gray;/*设置网页的背景颜色*/
        }
        h1 {
            background-color: green;/*设置标题的背景颜色*/
        }
        div {
            background-color: lightblue;/*设置 div 的背景颜色*/
        }
        p {
            background-color: yellow;/*设置标题的背景颜色*/
        }
    </style>
</head>
<body>
```

```
<h1>background-color 实例</h1>
<div>
这是 div 元素内的文本。
<p>本段有其自己的背景色。</p>
我们仍然在 div 元素中。
</div>
</body>
</html>
```

该案例在浏览器中的显示效果如图 3-32 所示。

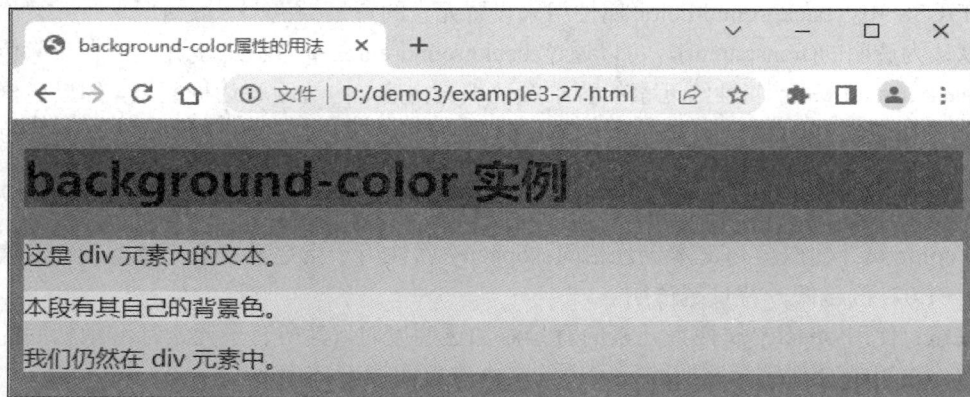

图 3-32　background-color 属性的显示效果

2. 背景图片

1) background-image 属性

在 CSS 中，可以使用 background-image 属性来设置元素背景图片，其语法格式如下：

```
background-image: none | url(url);
```

其中，none 表示没有背景图片，这是默认值；url()用于设置背景图片的路径，可以是相对路径，也可以是绝对路径。

元素的背景是元素的总大小，包括填充和边界(但不包括边距)。默认情况下，背景图片放置在元素的左上角，并在水平方向和垂直方向自动重复平铺，用户也可以通过相关属性改变初始位置和是否重复平铺等效果。

案例 example3-28.html 演示了 background-image 属性的用法，准备一张背景图片，将其放在项目 3 的图片文件夹 images 中，主体代码如下：

```
<!DOCTYPE html>
<html lang="en">
<head>
    <meta charset="UTF-8" />
    <title>背景图片的用法</title>
    <style type="text/css">
    div{
        border:1px solid #666;                    /*设置 div 的边框*/
```

```
            background-color:#CCC;              /*设置 div 背景颜色*/
            background-image:url(images/bg1.png);    /*设置 div 的背景图片*/
        }
    </style>
</head>
<body>
<div>
    <h1>信息工程学院党总支开展"法德讲堂"活动</h1>
    <h5>时间：2023-03-14  点击数：15</h5>
    <p>为进一步营造"重法厚德、法德并举"的浓厚氛围，丰富学生的法律知识，3 月 7 日，信息工程学院党总支组织学生在教学楼 C406 开展"法德讲堂"活动。本次活动由信息工程学院辅导员刘浩为主持，50 余名学生参与。</p>
    <p>本期法德讲堂以"青春韶华 与法同行"为主题，围绕思省心、学模范、看短片、诵经典、谈感悟、送吉祥六个环节开展，并结合自身的经验教训，让同学们更好地理解国家、社会以及学校为何要不断加强大学生法治教育，引导大家正确认识民主与法制、自由与纪律、道德与法律的关系，真正做到知法、学法、懂法、守法、用法、护法。</p>
    <p>活动中，学生们观看了大学生自制短片——《那一年，我被骗入传销》，并分享了心中感受，共同感悟法治的力量，观看了警示案例。活动最后，学生代表为参加活动的师生送上一本笔记本作为纪念。</p>
    <p>通过此次六个环节活动的开展，大家纷纷表示，要学好人，长好心，在社会上当好人，做好事，立德修身，遵纪守法，增强主观能动性，自觉做一个知法、学法、守法的新时代大学生。</p>
    <p>(供稿：刘浩为；编辑：辛国盛)</p>
</div>
</body>
</html>
```

该案例在浏览器中的显示效果如图 3-33 所示。

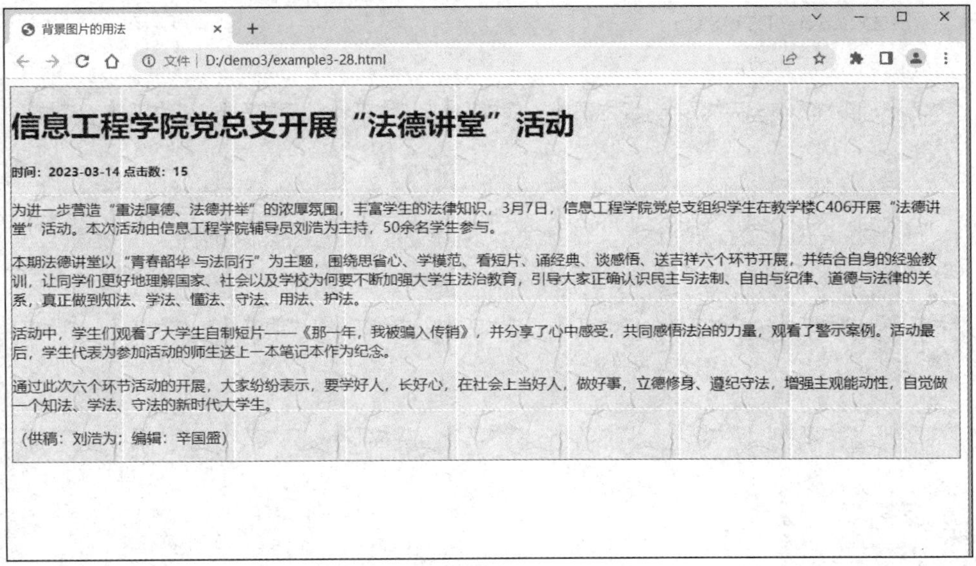

图 3-33　背景图片的显示效果(1)

从图 3-33 中可以看出，背景图片自动沿着水平和竖直两个方向平铺，充满整个 div 元素，并且覆盖了 div 元素的背景颜色。这说明，如果网页中某元素同时具有 backgrounde-image 属性和 background-color 属性，那么 backgrounde-image 属性优先于 background-color 属性。也就是说，背景图片永远覆盖于背景颜色之上。使用背景图片时，要注意使用不会干扰文本的图片。

2) background-repeat 属性

默认情况下，当背景图片的大小小于元素区域时，背景图片会自动向水平和竖直两个方向平铺。如果不希望图片平铺，或者希望图片只沿着一个方向平铺，可以通过 background-repeat 属性来控制。background-repeat 属性用来设置元素的背景图片是否重复铺排，以及如何铺排，其语法格式如下：

```
background-repeat: repeat | no-repeat | repeat-x | repeat-y;
```

background-repeat 属性值如表 3-19 所示。

表 3-19 background-repeat 属性值

属性值	含　　义
repeat	默认值，背景图片在水平方向和垂直方向自动重复平铺
no-repeat	背景图片在水平方向和垂直方向都不重复平铺
repeat-x	背景图片在水平方向重复平铺
repeat-y	背景图片在垂直方向重复平铺

修改案例 example3-28.html 的代码如下：

```html
<!DOCTYPE html>
<html lang="en">
<head>
    <meta charset="UTF-8" />
    <title>背景图片的用法</title>
    <style type="text/css">
    div{
        border:1px solid #666;               /*设置 div 元素的背景颜色*/
        background-color:#CCC;               /*设置 div 元素背景颜色*/
        background-image:url(images/bg1.png);  /*设置 div 元素的背景图片*/
        background-repeat: repeat-x;         /*设置背景图片的平铺*/
    }
    </style>
</head>
<body>
<div>
    <h1>信息工程学院党总支开展“法德讲堂”活动</h1>
```

```
    <h5>时间：2023-03-14 点击数：15</h5>
        <p>为进一步营造"重法厚德、法德并举"的浓厚氛围，丰富学生的法律知识，3月 7 日，信息
工程学院党总支组织学生在教学楼 C406 开展"法德讲堂"活动。本次活动由信息工程学院辅导员刘浩为
主持，50 余名学生参与。</p>
        <p>本期法德讲堂以"青春韶华 与法同行"为主题，围绕思省心、学模范、看短片、诵经典、
谈感悟、送吉祥六个环节开展，并结合自身的经验教训，让同学们更好地理解国家、社会以及学校为何要
不断加强大学生法治教育，引导大家正确认识民主与法制、自由与纪律、道德与法律的关系，真正做到知
法、学法、懂法、守法、用法、护法。</p>
        <p>活动中，学生们观看了大学生自制短片——《那一年，我被骗入传销》，并分享了心中感受，共
同感悟法治的力量，观看了警示案例。活动最后，学生代表为参加活动的师生送上一本笔记本作为纪念。</p>
        <p>通过此次六个环节活动的开展，大家纷纷表示，要学好人，长好心，在社会上当好人，做好
事，立德修身，遵纪守法，增强主观能动性，自觉做一个知法、学法、守法的新时代大学生。</p>
        <p>(供稿：刘浩为；编辑：辛国盛)</p>
    </div>
    </body>
    </html>
```

该案例在浏览器中的显示效果如图 3-34 所示。

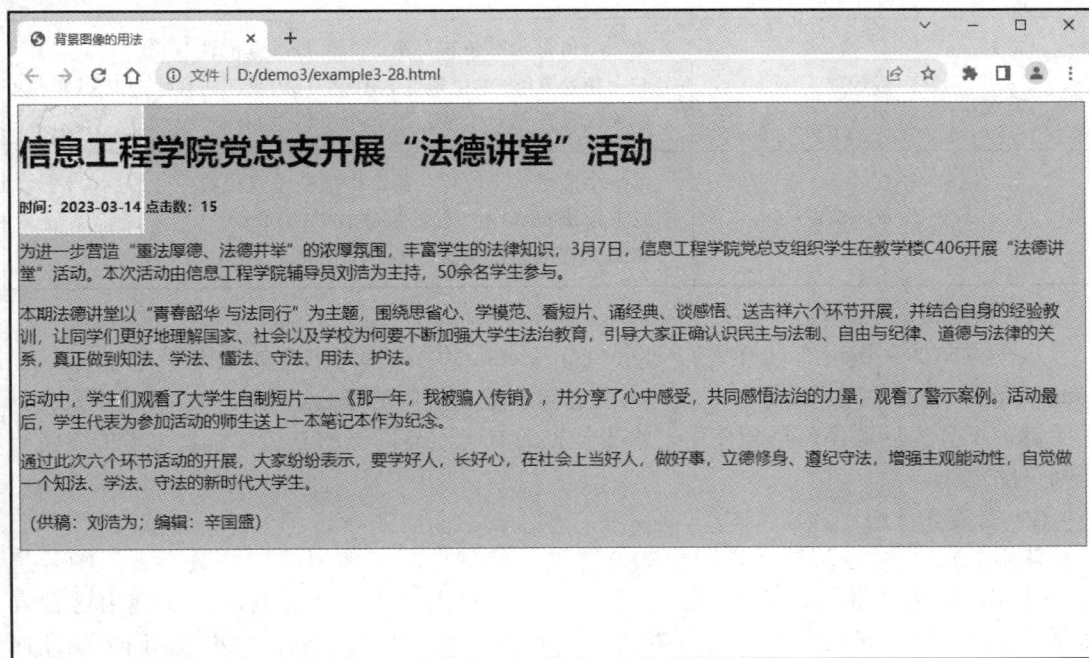

图 3-34　背景图片的显示效果(2)

从图 3-34 中可以看出，背景图片只沿水平方向平铺，背景图片覆盖的区域就显示背景
图片，背景图片没有覆盖的区域则显示设置的背景颜色。由此可见，当背景图片和背景颜

色同时存在时，背景图片优先显示。

3) background-position 属性

background-position 属性用于指定背景图片的起始位置，背景图片如果要重复平铺，将从设置的这个位置开始，其语法格式如下：

background-position:位置取值;

background-position 属性值设置出具体的位置，具体的属性值如表 3-20 所示。

表 3-20　background-position 属性值

属 性 值		含 义
预定义的关键词 (可以只设置一个 关键词，此时第二 个值自动为 center)	top left	左上
	top center	靠上居中
	top right	右上
	center left	靠左居中
	center center	正中
	center right	靠右居中
	bottom left	左下
	bottom center	靠下居中
	bottom right	右下
长度值(xy)		第一个值是水平位置，第二个值是垂直位置 左上角是 0 0。单位是像素(0 px 0 px)或任何其他的 CSS 单位 如果仅设置了一个值，另一个值将是 50%
百分比(x% y%)		第一个值是水平位置，第二个值是垂直位置 左上角是 0% 0%。右下角是 100% 100% 如果仅规定了一个值，另一个值将是 50%

(1) 预定义的关键词。

水平方向的关键词有 left(左)、right(右)、center(中)；垂直方向的关键字有 top(上)、bottom(下)、center(中)。设置时，应为水平方向和垂直方向的组合，且水平方向和垂直方向的关键词不分先后顺序，搭配使用。水平位置的参考点是网页的左边，垂直位置的参考点是网页的上边。

(2) 长度。

使用长度属性可以对背景图片的位置进行精确控制，使用确切的数字表示图片位置。使用时，首先指定横向位置，接着指定纵向位置，中间用空格隔开。使用这种方法时，实际上定位的是图片左上角相对于元素左上角的位置。单位可以使用 px 或任何其他的 CSS 单位，可以只写一个值，另一个值自动为居中效果，还可以和关键词混合使用。

(3) 百分比。

使用百分比进行背景定位，其实是将背景图片的百分比指定的位置和元素的百分比位置对齐。也就是说，百分比定位改变了背景图片和元素的对齐基点，不再像使用关键词或长度单位定位时那样使用背景图片和元素的左上角为对齐基点，而是按背景图片和元素的指定点对齐，即将图片本身(x% y%)的点与元素的(x% y%)的点重合，此时左上角是(0% 0%)。右下角是(100% 100%)。

修改案例 example3-28.html 的代码如下：

```
<!DOCTYPE html>
<html lang="en">
<head>
    <meta charset="UTF-8" />
    <title>背景图片的用法</title>
    <style type="text/css">
    div{
        border:1px solid #666;              /*设置 div 的背景颜色*/
        background-color:#CCC;              /*设置 div 背景颜色*/
        background-image:url(images/bg1.png);   /*设置 div 的背景图片*/
        background-repeat: no-repeat;        /*设置背景图片的平铺*/
        background-position:right bottom;    /*设置背景图片的位置*/
    }
    </style>
</head>
<body>
<div>
    <h1>信息工程学院党总支开展"法德讲堂"活动</h1>
    <h5>时间：2023-03-14 点击数：15</h5>
```

<p>为进一步营造"重法厚德、法德并举"的浓厚氛围，丰富学生的法律知识，3 月 7 日，信息工程学院党总支组织学生在教学楼 C406 开展"法德讲堂"活动。本次活动由信息工程学院辅导员刘浩为主持，50 余名学生参与。</p>

<p>本期法德讲堂以"青春韶华 与法同行"为主题，围绕思省心、学模范、看短片、诵经典、谈感悟、送吉祥六个环节开展，并结合自身的经验教训，让同学们更好地理解国家、社会以及学校为何要不断加强大学生法治教育，引导大家正确认识民主与法制、自由与纪律、道德与法律的关系，真正做到知法、学法、懂法、守法、用法、护法。</p>

<p>活动中，学生们观看了大学生自制短片——《那一年，我被骗入传销》，并分享了心中感受，共同感悟法治的力量，观看了警示案例。活动最后，学生代表为参加活动的师生送上一本笔记本作为纪念。</p>

<p>通过此次六个环节活动的开展，大家纷纷表示，要学好人，长好心，在社会上当好人，做好事，立德修身，遵纪守法，增强主观能动性，自觉做一个知法、学法、守法的新时代大学生。</p>

```
    <p>(供稿：刘浩为；编辑：辛国盛)</p>

</div>

</body>

</html>
```

该案例在浏览器中的显示效果如图 3-35 所示。

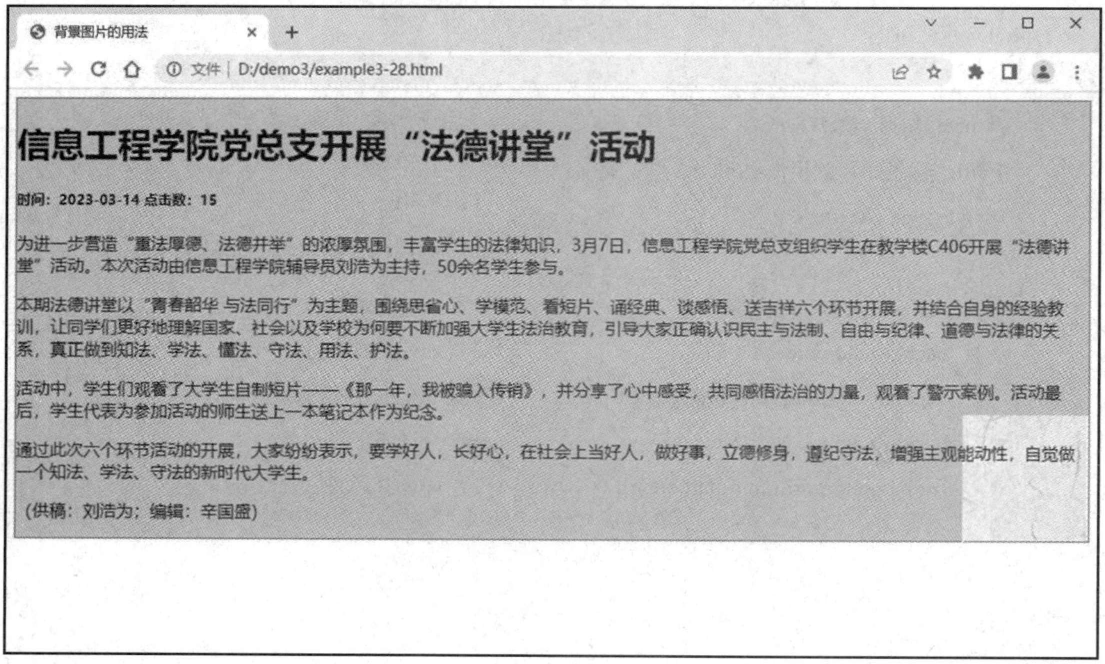

图 3-35   background-position 属性的显示效果

从图 3-35 中可以看出，背景图片不重复，并且位于 div 元素的右下角。

4）background-attachment 属性

background-attachment 属性用来设置背景图片是否固定或者随着网页的其他部分而滚动，其语法格式如下：

```
background-attachment: scroll|fixed;
```

background-attachment 属性值如表 3-21 所示。

表 3-21   background-attachment 属性值

属性值	含 义
scroll	默认值，背景图片会随着网页其他部分而滚动
fixed	当网页的其他部分滚动时，背景图片不会滚动

3. 复合属性

background 属性是背景的复合属性，即在一个声明中设置所有的背景属性，它是一个更明确的背景关系属性的简写，属性值包括背景颜色(background-color)、背景图片(background-image)、背景重复设置(background-repeat)、背景附加(background-attachment)、背景位置(background-position)，属性之间用空格隔开。

　　这个属性在所有浏览器中都能够得到很好的支持，而且能缩短代码。设置背景属性值时，不分先后顺序，属性值之一缺失并不要紧，只要按照此顺序设置其他值即可。

　　例如，下面这段代码表示 div 元素的背景颜色是灰色，背景图片在距离 div 元素的左边为 50 px、距离上边为 80 px 的位置固定，并且横向和竖向都不重复。

```
div{
        background-color:#CCC;                    /*设置 div 背景颜色*/
        background-image:url(images/bg1.png);     /*设置 div 的背景图片*/
        background-repeat: no-repeat;             /*设置背景图片的平铺*/
        background-position:50px 80px;            /*设置背景图片的位置*/
        background-attachment:fixed;              /*设置背景图片的位置固定*/
        }
```

以上代码等价于以下代码：

```
div:{
        background:#ccc url(“images/bg1.png”)no-repeat 50px 80px fixed;

        }
```

7.3　任 务 实 现

　　本任务是在任务 4 HTML 结构的基础上美化设计网页，故省掉了网页的 HTML 结构，具体实施步骤如下。

　　(1) 启动 Sublime Text，打开项目 2 任务 4 的 xxdt.html 文件。

　　(2) 采用内部样式表引入样式的方法，在 HTML 头部添加 CSS 样式标签<style>，添加后，文件头部代码如下：

```
<head>
    <meta charset="UTF-8" />
    <meta name="keywords" content="党的二十大专题网,学习资料">
    <title>学习动态</title>
    <style>

    </style>
</head>
```

(3) 在<style>标签中写入 CSS 样式，美化设计网页。

① 取消网页中部分元素的内外边距，取消列表前面的符合，主体代码如下：

```
body,ul,li{
    margin:0;
    padding:0;
    list-style-type: none;
}
```

② 设置网页文本为微软雅黑、16 px、黑色字体，主体代码如下：

```
body{
    font:16px "微软雅黑";
    color:#000;
}
```

③ 修改超链接的默认样式。设置超链接文本不带下画线，未访问时文本颜色为灰色；鼠标指针经过、悬停时文本颜色为红色，并且字体加粗。主体代码如下：

```
a{
    color:#808080;
    text-decoration:none;
}
a:hover{
    color:#f00;
    font-weight:bold;
}
```

④ 将网页中的所有内容放置在类名为 .juzhong 的 div 元素中，设置宽度为 1920 px，并且居中显示，主体代码如下：

```
.juzhong{
    width: 1920px;
    margin:0 auto;
}
```

⑤ 将导航部分放置在类名为.nav 的容器中，设置导航背景为淡粉色、高度为 3 em，将纵向导航改为横向导航，设置导航的超链接文字颜色为红色，鼠标指针经过时背景为红色，文字为黄色，主体代码如下：

```
.nav{
    background-color:#fae1c2;
    width:100%;
    text-align:center;
}
nav ul li{
    display:inline-block;
```

```
            line-height: 3em;

            width:200px;

            text-align:center;

        }

        nav ul li a{

            display:block;

            color:#f00;

            font-size:18px;

        }

        nav ul li a:hover{

            background-color:#d30000;

            color:#fae1c2;

        }
```

实际开发中，横向导航栏更多会用浮动布局来实现，这一点在项目 4 中会详细介绍。

⑥ 设置正文部分样式。设置正文宽度是 1200 px，并且居中；设置当前位置文本居左对齐，并且加上灰色下框虚线；设置正文主标题、副标题居中对齐，并且加上灰色下框虚线；设置正文内容首行缩进两个字符，行高是两倍行高，正文图片居中显示；设置最后一段文字居右对齐。主体代码如下：

```
        .content{

            width:1200px;

            margin:0 auto;

        }

        .lujing{

            font-size:14px;

            line-height:2em;

            color:#999;

            border-bottom:1px dashed #ddd;

        }

        .content h1,.content h5{

            text-align:center;

        }

        .content h5{

            color:#999;

            line-height:2em;

            border-bottom:1px dashed #ddd;

            font-weight:normal;

        }

        .content p{
```

```
                text-indent:2em;
                line-height: 2;
        }
        .pic{
                text-align:center;
        }
        .pic img{
                width:500px;
        }
        .content p:last-child{
                text-align:right;
        }
```

⑦ 设置版权信息样式，主体代码如下：

```
        footer{
                padding-top:105px;/*设置上内边距 105px*/
                background:url('images/footbg.jpg') no-repeat;
                height: 110px;
                text-align:center;
                color:#fdec07;
        }
```

文件 xxzl.html 的完整代码如下：

```
<!DOCTYPE html>
<html lang="en">
<head>
    <meta charset="UTF-8" />
    <title>学习动态</title>
    <style >
        /* 公共样式 */
        body,ul,li{
                margin:0;
                padding:0;
                list-style-type: none;
        }
        body{
                font:16px "微软雅黑";
                color:#000;
        }
```

```
a{
    color:#000;
    text-decoration:none;
}
a:hover{
    color:#f00;
    font-weight:bold;
}
.juzhong{
    width: 1920px;
    margin:0 auto;
}
/* 导航样式 */
.nav{
    background-color:#fae1c2;
    width:100%;
    text-align:center;
}
nav ul li{
    display:inline-block;
    line-height: 3em;
    width:200px;
    text-align:center;
}
nav ul li a{
    display:block;
    color:#f00;
    font-size:18px;
}
nav ul li a:hover{
    background-color:#d30000;
    color:#fae1c2;
}
/* 正文样式*/
.content{
    width:1200px;
    margin:0 auto;
```

```
        }
        .lujing{
            font-size:14px;
            line-height:2em;
            color:#999;
            border-bottom:1px dashed #ddd;
        }
        .content h1,.content h5{
            text-align:center;
        }
        .content h5{
            color:#999;
            line-height:2em;
            border-bottom:1px dashed #ddd;
            font-weight:normal;
        }
        .content p{
            text-indent:2em;
            line-height: 2;
        }
        .pic{
            text-align:center;
        }
        .pic img{
            width:500px;
        }
        .content p:last-child{
            text-align:right;
        }
        /* 版权样式 */
        footer{
            padding-top:105px;/*设置上内边距 105px*/
            background:url('images/footbg.jpg') no-repeat;
            height: 110px;
            text-align:center;
            color:#fdec07;
        }
```

```
        </style>

    </head>
    <body>
    <div class="juzhong">
        <!-- banner -->
        <header>
            <img src="images/banner.jpg" alt="">
        </header>
        <!-- 导航 -->
        <nav>
            <ul class="nav">
                <li><a href="index.html">专题首页</a></li>
                <li><a href="xxzl.html">学习资料</a></li>
                <li><a href="#">学习研讨</a></li>
                <li><a href="xxdt.html">学习动态</a></li>
                <li><a href="zxly.html">在线留言</a></li>
                <li><a href="#">学习光影</a></li>
            </ul>
        </nav>
        <!--内容-->
        <div class="content">
            <div class="lujing">
                <span>当前位置:</span><a href="index.html">首页</a>&gt;&gt;<a href="xxdt.html">学习动态</a>&gt;&gt;正文
            </div>
            <h1>信息工程学院党总支开展党的二十大精神宣讲暨入党申请人集体谈话</h1>
            <h5>时间：2023-04-18 点击数：14</h5>
```

为学习宣传贯彻党的二十大精神，做好入党申请人的教育培养工作，3 月 30 日晚，信息工程学院党总支在报告厅开展党的二十大精神宣讲暨入党申请人集体谈话，活动由信息工程学院党总支组织委员姚玲洁主持。信息工程学院学生管理负责人熊雪军以"牢牢把握习近平新时代中国特色社会主义思想的世界观和方法论"为主题开展党的二十大精神宣讲。他围绕"六个必须坚持"进行详细阐述，激励同学们要自觉把党的二十大精神转化为思想、学习、工作等方面发展的强劲动力，勇毅前行，踔厉奋发，笃行不息。学生党支部书记罗缔详细讲解了入党流程以及在入党过程中的注意事项，进一步提高了大家对入党的认识，端正了大家的入党动机。

入党积极分子代表光伏 211 班谢勇辉作了发言。他表示，要在学习工作中积极贡献自身力量，以实际行动向党组织靠拢。入党申请人代表网络 227 班李清红作了发言。她表示，要在思想和行动

```
上始终同党中央保持一致，脚踏实地，严格要求自己，切实发挥模范带头作用。</p>
        <p>最后，信息工程学院党总支书记陈立对入党申请人提出三点要求：一是要端正入党动机，
争做新时代有为青年；二是要自觉加强学习，用党的理论武装头脑；三是要主动发挥作用，用实际行动向
党组织靠拢。</p>
            <div class="pic">
                <img alt="" src="images/img_2.jpg">
            </div>
            <p>(供稿：王礼琴 唐雅星；编辑：辛国盛)</p>
        </div>
        <!-- 版权 -->
        <footer>
            <p>Copyright&copy;2022-2025</p>
            <p>江西工业工程职业技术学院信息工程学院软件教研室版权所有</p>
        </footer>
    </div>
</body>
</html>
```

　　从上面的代码可以看出，为了设计"学习动态"子页的样式，在 HTML 结构中，在项目 2 任务 4 的基础上分别添加了 juzhong、nav、content、lujing、pic 这五个类。

　　保存相关代码后，在浏览器中的显示效果如图 3-29 所示。至此，任务 7 全部完成。

任务 8　设计"在线留言"子页

知识目标

(1) 掌握设置表单样式的常用方法。
(2) 掌握设置输入框、文本域、下拉菜单、按钮等表单元素样式的方法。
(3) 掌握属性选择器的用法。

能力目标

(1) 能够使用 CSS 对表单进行美化。
(2) 能够使用 CSS 对表单边框、表单元素外观进行美化。
(3) 能够使用属性选择器对不同类型输入元素的 CSS 样式进行设置。

素质目标

(1) 掌握 Web 开发标准。
(2) 培养分析和解决问题的能力。
(3) 培养自学能力。

任务描述

　　表单的交互设计与视觉设计都是网站设计中的重要部分。从视觉设计来说，经常需要摆脱 HTML5 提供的比较粗糙的视觉样式。在不使用 JavaScript 的情况下，只能使用 CSS 对表单元素做一些简单的效果调整。本任务通过设计"学习党的二十大精神专题网"的"在线留言"子页，帮助读者重点学习表单元素的 CSS 样式设置，同时进一步学习贯彻党的二十大精神知识。任务 8 子页完成效果如图 3-36 所示。

图 3-36　"在线留言"子页完成效果

8.1 表单相关的 CSS 样式

8.1.1 输入框的样式

在谷歌浏览器中，默认的表单输入框是一个黑框，单击时显示一个更粗的黑框，表单元素输入框默认样式是 2 px 宽的边框、2 px 左右内边距、1 px 上下内边距。在不同的浏览器中，输入框默认样式会有差异。为了实现效果统一，最好自定义输入框的样式。

1. 属性选择器的用法

属性选择器在为不带有 class 或 id 属性的表单设置样式时特别有用，使用这个选择器，可以使表单输入框的样式具有更大的灵活度和适应性。

如果只想设置特定输入类型的样式，可以使用属性选择器。例如，input[type=text]将选择文本输入框，input[type=password]将选择密码输入框，input[type=number]将选择数字输入框。

2. 输入框的宽度、边框、填充、颜色

用户可以使用 width 属性设置输入框的宽度，使用 padding 属性设置输入框的内边距，使用 border 属性设置输入框边框的大小、线型和颜色，使用 border-radius 属性给输入框添加圆角，使用 background-color 属性设置输入框的背景颜色，使用 color 属性设置文本颜色。

案例 example3-29.html 演示了输入框的样式设置，主体代码如下：

```
<!DOCTYPE html>
<html lang="zh-CN">
<head>
    <meta charset="UTF-8" />
    <title>输入框的样式</title>
    <style type="text/css">
        input[type=text] {
            width: 100%;
            padding: 12px 20px;
            margin: 8px 0;
            box-sizing: border-box;
            border: 2px solid red;
            border-radius: 4px;
            background-color: #ccc;
        }
    </style>
</head>
```

```
<body>
<form>
  <label for="username">用户账号：</label>
  <input type="text" placeholder="请输入用户账号："><br>
  <label for="password">用户密码：</label>
  <input type="password" placeholder="请输入用户账号：">
</form>
</body>
</html>
```

该案例在浏览器中的显示效果如图 3-37 所示。

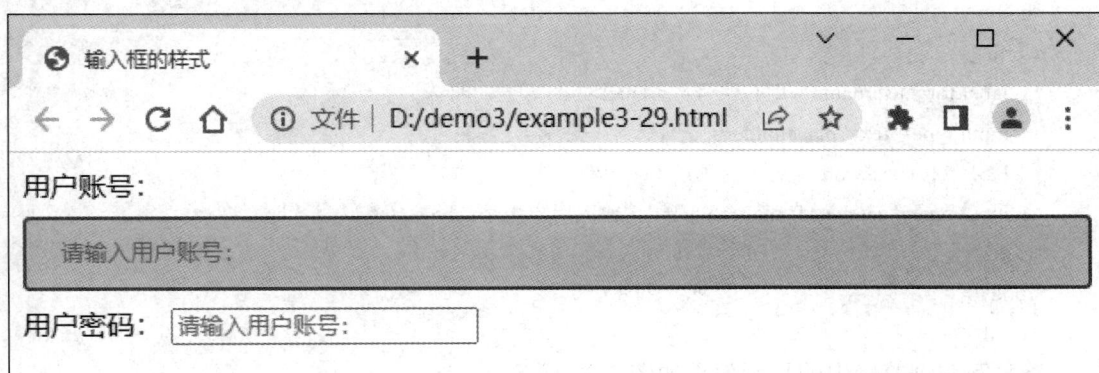

图 3-37　输入框的显示效果

通过对比两个输入框可以看出：type 属性值为 text 的文本字段的输入框中设置了红色的圆角边框，输入框中添加了内边距，背景为灰色；type 属性值为 password 的密码输入框没有设置样式，是默认的样式。需要注意的是，代码中的 box-sizing 属性设置为 border-box，用来确保元素的总宽度和高度中包括内边距和最终的边框。

3. 获得焦点的输入框

默认情况下，某些浏览器在获得焦点(单击)时，会在输入框周围添加蓝色轮廓。为了清除此默认样式，可以添加 outline: none。outline 是轮廓属性，一般来说，预期之外的边框大多数是它造成的。使用:focus 选择器，可以在输入字段获得焦点时为其设置样式。

案例 example3-30.html 演示了获得焦点的输入框样式，主体代码如下：

```
<!DOCTYPE html>
<html lang="zh-CN">
<head>
    <meta charset="UTF-8" />
    <title>获得焦点的输入框样式</title>
    <style type="text/css">
        input[type=text] {
            width: 100%;
```

```
            padding: 12px 20px;
            box-sizing: border-box;
            border: 1px solid #555;
            outline: none;
        }
        input[type=text]:focus {
            background-color: lightblue;
        }
    </style>
</head>
<body>
<form>
  <label for="username">用户账号：</label>
  <input type="text" placeholder="请输入用户账号："><br>
  <label for="password">用户密码：</label>
  <input type="password" placeholder="请输入用户账号：">
</form>
</body>
</html>
```

该案例在浏览器中的显示效果如图 3-38 所示。

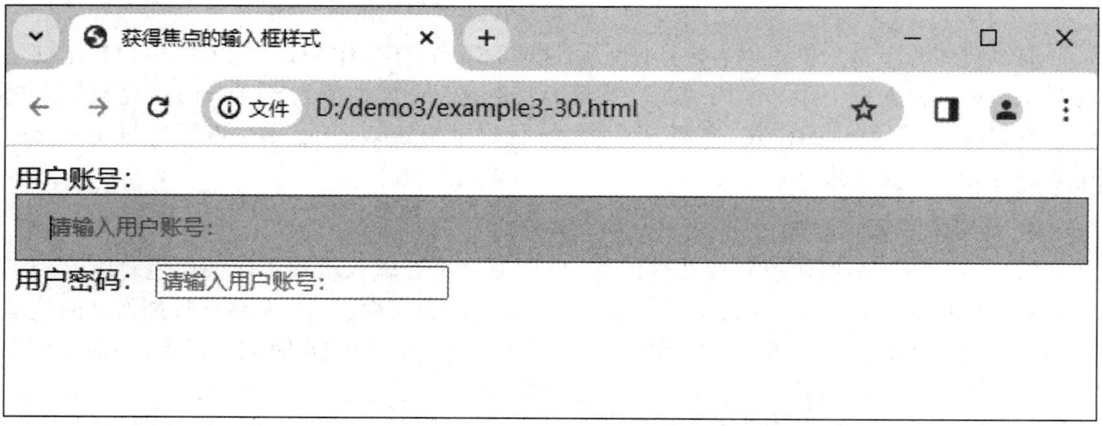

图 3-38　获得焦点的输入框样式显示效果

设置悬停状态下的样式与获得焦点的输入框样式用法一样，只要把:focus 修改为:hover 就可以了。

8.1.2　文本域的样式

用户可以使用 resize 属性来禁止调整文本域 textareas 的大小(禁用右下角的"抓取器")，文本域的宽度、边框、填充、颜色样式的设置方法与输入框一致。

案例 example3-31.html 演示了文本域的样式，主体代码如下：

```html
<!DOCTYPE html>
<html lang="en">
<head>
    <meta charset="UTF-8" />
    <title>文本域的样式</title>
    <style type="text/css">
        textarea {
            width: 100%;
            height: 150px;
            padding: 12px 20px;
            box-sizing: border-box;
            border: 2px solid #ccc;
            border-radius: 4px;
            background-color: #f8f8f8;
            font-size: 16px;
            resize: none;
        }
    </style>
</head>
<body>
    <textarea>一些文本</textarea>
</body>
</html>
```

该案例在浏览器中的显示效果如图 3-39 所示。

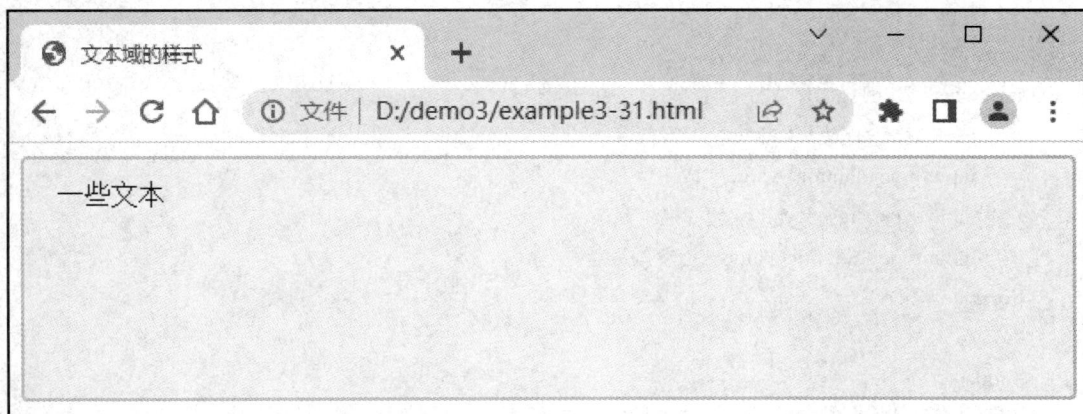

图 3-39 文本域的样式显示效果

8.1.3 按钮样式

要设置按钮的基本样式，只需要使用常用的属性就可以。边框样式的设置和文本框的边框设置一样：使用 border 属性更改默认的边框样式，使用 outline 属性更改默认轮廓样式。另外，还可以通过伪类属性，设置单击时的样式使用:active，聚焦时的样式使用:focus 等。

案例 example3-32.html 演示了按钮的样式，主体代码如下。

```
<!DOCTYPE html>
<html lang="en">
<head>
    <meta charset="UTF-8" />
    <title>按钮的样式</title>
    <style type="text/css">
        .btn input[type=button], .btn input[type=submit], .btn input[type=reset] {
            background-color: #4CAF50;
            border: none;
            color: white;
            padding: 16px 32px;
            cursor: pointer;
        }
    </style>
</head>
<body>
<form>
    <p>按钮的默认样式</p>
    <input type="button" value="按钮">
    <input type="reset" value="重置">
    <input type="submit" value="提交">
</form>
<form class="btn">
    <p>设置后的按钮样式</p>
    <input type="button" value="按钮">
    <input type="reset" value="重置">
    <input type="submit" value="提交">
</form>/
</body>
</html>
```

该案例在浏览器中的显示效果如图 3-40 所示。

图 3-40 按钮的样式显示效果

8.1.4 下拉菜单的样式

下拉菜单的基本样式与输入框和按钮一样，使用常用的属性就可以进行设置，边框仍然采用 border 加 outline 属性来设置。使用 text-align-last 属性可以控制下拉菜单里的文本居中，使用 appearance 属性可以隐藏下拉箭头。对于 option 元素，只能设置一般的字体文本样式，无法设置位置样式、悬浮样式，背景颜色默认为白色，也无法设置为透明。下拉菜单可以使用 size 属性和 multiple 属性来设置行内样式。

案例 example3-33.html 演示了下拉菜单的样式，主体代码如下：

```
<!DOCTYPE html>
<html lang="en">
<head>
    <meta charset="UTF-8" />
    <title>下拉菜单的样式</title>
    <style type="text/css">
        #form1 select {
            font-size:16px;
            width: 150px;
            padding: 10px;
            border: none;
            border-radius: 3px;
            background-color: #f1f1f1;
            outline:none;
            text-align-last:center;
            appearance:none;
        }
    </style>
</head>
```

```
<p>默认样式下拉菜单</p>
<form>
    <select id="country" name="country">
        <option value="China" selected>中国</option>}
        <option value="au">澳大利亚</option>
        <option value="ca">加拿大</option>
        <option value="usa">美国</option>
    </select>
</form>
<p>一个带有样式的下拉菜单</p>
<form id="form1">
    <select id="country" name="country">
        <option value="China" selected>中国</option>}
        <option value="au">澳大利亚</option>
        <option value="ca">加拿大</option>
        <option value="usa">美国</option>
    </select>
</form>
</html>
```

该案例在浏览器中的显示效果如图 3-41 所示。

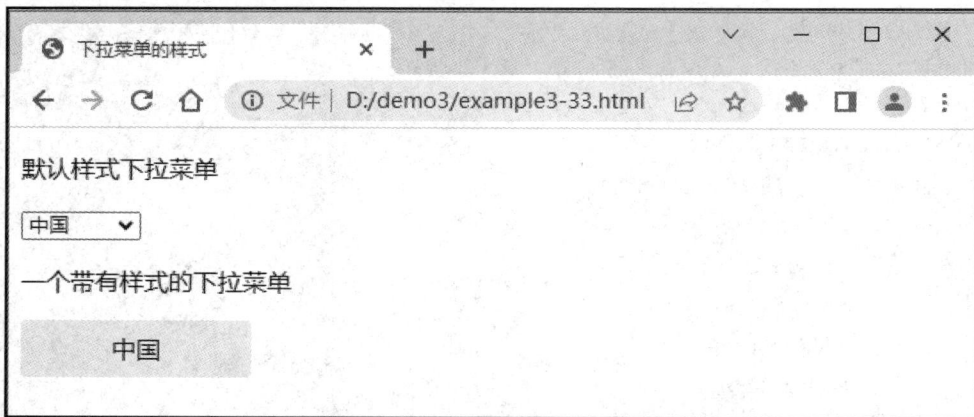

图 3-41 下拉菜单的样式显示效果

8.2 任 务 实 现

本任务是在任务 5 HTML 结构的基础上美化设计网页，故省掉了网页的 HTML 结构，具体实施步骤如下。

(1) 启动 Sublime Text，打开项目 2 任务 5 的 zxly.html 文件。

(2) 采用内部样式表引入样式的方法，在 HTML 头部添加 CSS 样式标签<style>，添加后文件头部代码如下：

```
<head>
    <meta charset="UTF-8" />
    <meta name="keywords" content="党的二十大专题网,学习资料">
    <title>在线留言</title>
    <style>


    </style>
</head>
```

(3) 在<style>标签中写入 CSS 样式美化设计网页。

① 对比"在线留言"与"在线互动"子页效果，发现除了中间内容不一样，"banner""导航""版权"这三部分的内容和效果是一样的。可以参考任务 7 这三块相同部分的 HTML 与 CSS 代码进行设置。

② 设置表单的样式。表单宽度是 760 px，内边距为 10 px，居中显示，边框为 1 px 灰色实线的圆角边框，并给表单添加投影效果，主体代码如下：

```
.content form{
    width: 760px;
    margin:0 auto;
    padding:10px;
    border:1px solid #ddd;
    border-radius:10px;
    box-shadow:5px 5px 5px #CCC;
    line-height:3em;
}
```

③ 将表单通用行内元素 span 转换为行内块状元素，宽度为 100 px、高度为 40 px，文本居右对齐，主体代码如下：

```
.content span{
    display:inline-block;
    width:100px;
    height: 40px;
    text-align:right;
}
```

④ 设置表单元素输入框、文本域、下拉菜单的样式，给表单元素设置合适的宽度和内边距，并添加有圆角弧度的红色实线边框，主体代码如下：

```
.txt{
    width: 200px;
    padding: 8px 10px;
```

```
            box-sizing: border-box;
            border: 1px solid #d6313f;
            border-radius: 4px;
        }
        select,.day{
            width:80px;
            padding: 5px 10px;
            box-sizing: border-box;
            border: 1px solid #d6313f;
            border-radius: 4px;
        }
        .zhuti,.content textarea{
            width:600px;
            padding: 8px 10px;
            box-sizing: border-box;
            border: 1px solid #d6313f;
            border-radius: 4px;
        }
        .content textarea{
            height: 10em;
        }
```

⑤ 设置提交、重置按钮的样式，使用属性选择器设置宽度，按钮文本居中对齐，颜色为白色，设置按钮边框与背景都是红色，为边框设置圆角弧度，主体代码如下：

```
        input[type=submit], input[type=reset]{
            width:100px;
            text-align:center;
            padding: 10px 32px;;
            cursor: pointer;
            border: 1px solid #d6313f;
            background-color:#d6313f;
            border-radius: 4px;
            color:#fff;
        }
```

文件 xxzl.html 的完整代码如下：

```
<!DOCTYPE html>
<html lang="en">
<head>
    <meta charset="UTF-8" />
    <title>在线留言</title>
```

```
<style>
    /* 公共样式 */
    body,ul,li{
        margin:0;
        padding:0;
        list-style-type: none;
    }
    body{
        font:16px "微软雅黑";
        color:#000;
    }
    a{
        color:#000;
        text-decoration:none;
    }
    a:hover{
        color:#f00;
        font-weight:bold;
    }
    .juzhong{
        width: 1920px;
        margin:0 auto;
    }
    /* 导航样式 */
    .nav{
        background-color:#fae1c2;
        width:100%;
        text-align:center;
    }
    nav ul li{
        display:inline-block;
        line-height: 3em;
        width:200px;
        text-align:center;
    }
    nav ul li a{
        display:block;
        color:#f00;
        font-size:18px;
```

```
        }
    nav ul li a:hover{
            background-color:#d30000;
            color:#fae1c2;
    }
    /* 正文样式*/
    .content{
            width:1200px;
            margin:0 auto;
    }
    .lujing{
            font-size:14px;
            line-height:2em;
            color:#999;
            border-bottom:1px dashed #ddd;
    }
    .content h1{
            letter-spacing:10px;
            text-align:center;
    }
    .content form{
            width: 760px;
            margin:0 auto;
            padding:10px;
            border:1px solid #ddd;
            border-radius:10px;
            box-shadow:5px 5px 5px #CCC;
            line-height:3em;

    }
    .content span{
            display:inline-block;
            width:100px;
            height: 40px;
            text-align:right;
    }
    .txt{
            width: 200px;
            padding: 8px 10px;
```

```
        box-sizing: border-box;
        border: 1px solid #d6313f;
        border-radius: 4px;
    }
    select,.day{
        width:80px;
        padding: 5px 10px;
        box-sizing: border-box;
        border: 1px solid #d6313f;
        border-radius: 4px;
    }
    .zhuti,.content textarea{
        width:600px;
        padding: 8px 10px;
        box-sizing: border-box;
        border: 1px solid #d6313f;
        border-radius: 4px;
    }
    .content textarea{
        height: 10em;
    }
    .btn{
        text-align:center;
    }
    input[type=submit], input[type=reset]{
        width:100px;
        text-align:center;
        padding: 10px 32px;;
        cursor: pointer;
        border: 1px solid #d6313f;
        background-color:#d6313f;
        border-radius: 4px;
        color:#fff;
    }
    /* 版权样式 */
    footer{
        padding-top:105px;/*设置上内边距 105px*/
        background:url('images/footbg.jpg') no-repeat;
        height: 110px;
```

```
                    text-align:center;
                    color:#fdec07;
                }
            </style>
    </head>
    <body>
    <div class="juzhong">
        <!-- banner -->
        <header>
            <img src="images/banner.jpg" alt="">
        </header>
        <!-- 导航 -->
        <nav>
            <ul class="nav">
                <li><a href="index.html">专题首页</a></li>
                <li><a href="xxzl.html">学习资料</a></li>
                <li><a href="#">学习研讨</a></li>
                <li><a href="xxdt.html">学习动态</a></li>
                <li><a href="zxly.html">在线留言</a></li>
                <li><a href="#">学习光影</a></li>
            </ul>
        </nav>
        <!--内容-->
        <div class="content">
            <div class="lujing">
                <span>当前位置:</span><a href="index.html">首页</a>&gt;&gt;<a href="xxdt.html">在
            线留言</a>
            </div>
            <h1>在线留言</h1>
            <form action="#" method="post">
                <ul>
                    <li>
                        <span>用户账号:</span>
                        <input type="text" name="name" class="txt" placeholder="登录名/邮箱">
                        <span >手机号码:</span>
                        <input type="tel"" name="hm" class="txt" placeholder="电话号码">
                    </li>
                    <li>
                        <span>您的性别:</span>
```

```
                <input type="radio" name="xb" value="男">男  
                <input type="radio" name="xb" value="女">女    
               
    
                <!-- </li>
                <li> -->
                <span>出生日期：</span>
                <select name="year">
                    <option value="1991">1991</option>
                    <option value="1992">1992</option>
                    <option value="1993">1993</option>
                    <option value="1994">1994</option>
                    <option value="1995">1995</option>
                    <option value="1996">1996</option>
                    <option value="1997">1997</option>
                    <option value="1998">1998</option>
                    <option value="1999">1999</option>
                </select> 年
                <select name="month">
                    <option value="1" selected="selected">1</option>
                    <option value="2">2</option>
                    <option value="3">3</option>
                    <option value="4">4</option>
                    <option value="5">5</option>
                    <option value="6">6</option>
                    <option value="7">7</option>
                    <option value="8">8</option>
                    <option value="9">9</option>
                    <option value="10">10</option>
                    <option value="11">11</option>
                    <option value="12">12</option>
                </select> 月
                <input name="day" type="text" class="day" />日
            </li>
        </ul>
        <ul>
            <li>
                <span>留言主题：</span>
                <input type="text" class="zhuti" placeholder="请输入留言主题">
```

```
            </li>
            <li>
                <span>留言内容：</span>
                <textarea name="nr" placeholder="请输入留言内容"></textarea>
            </li>
            <li class="btn">
                <input type="submit">
                <input type="reset">
            </li>
        </ul>
    </form>
</div>
<!-- 版权 -->
<footer>
    <p>Copyright&copy;2022-2025</p>
    <p>江西工业工程职业技术学院信息工程学院软件教研室版权所有</p>
</footer>
</div>
</body>
</html>
```

从以上代码可以看出，为了设计"在线留言"子页的样式，在 HTML 结构中，在项目
2 任务 5 的基础上分别添加了 juzhong、nav、content、lujing、pic、txt、day、zhuti、btn 这
几个类。

保存相关代码后，在浏览器中的显示效果如图 3-36 所示。至此，任务 8 全部完成。

项目4　网页综合应用

(设计与制作"学习党的二十大精神专题网"首页)

任务9 首页页头板块的设计与制作

📋 知识目标

(1) 掌握盒模型的基本概念。
(2) 掌握盒模型的属性。
(3) 掌握盒模型宽度和高度的计算方法。

🔗 能力目标

(1) 能够灵活地运用盒模型的各个属性。
(2) 能够使用盒模型的属性完成网页相关区域的排版。
(3) 能够根据结构图或者效果图建立盒模型。

🔶 素质目标

(1) 掌握并遵循 Web 开发标准，培养严谨的工作作风。
(2) 提升逻辑思维能力及实践能力。

☁ 任务描述

W3C 标准盒模型是 CSS 控制网页布局的一个非常重要的概念，该模型来源于"box model"这一术语，可以将其和现实生活中的盒子对应起来理解，只是对应的是一个水平切面。网页上的所有 HTML 元素(包括文本、图片、超链接、div、span 等)都可以被看作盒子，即每个 HTML 标签都可以被看作是一个矩形块，这个矩形块中包含几个小矩形块，如同盒子一样层层包裹着。

网页布局的过程可以看作是在网页中摆放盒子的过程。通过调整盒子的位置、大小、边框等属性控制各个盒子，实现对整个网页的布局。

本任务将完成"学习党的二十大精神专题网"首页页头板块的设计与制作，技术上使用了盒模型，标准流布局。任务 9 完成效果如图 4-1 所示。

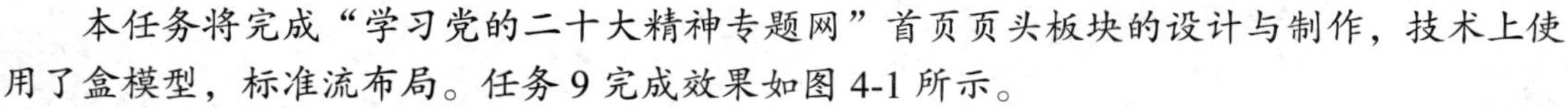

| 友情链接：江西工业工程职业技术学院 | 输入关键字 | 搜索 |

图 4-1　首页页头板块完成效果

9.1　盒模型简介

盒模型是 CSS 中一个重要的概念，理解了盒模型才能更好地排版。CSS 盒模型本质上是一个盒子，封装周围的 HTML 元素，即外边距、边框、内边距和内容。大多数浏览器都采用 W3C 规范，一个 CSS 标准盒模型包括内容(content)、内边距(padding)、边框(border)、外边距(margin) 4 个属性，如图 4-2 所示。

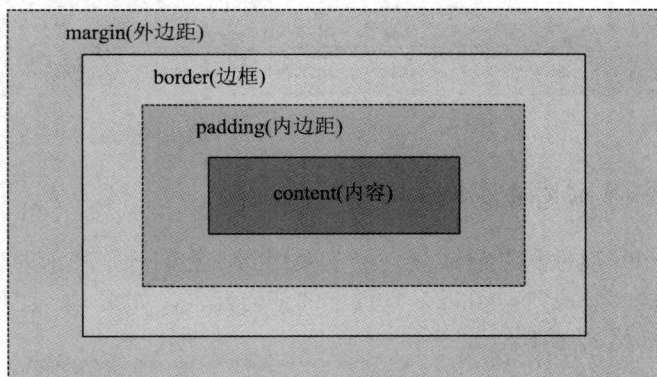

图 4-2　CSS 标准盒模型

所谓网页布局，其实就是多个盒子嵌套排列。通常用<div>标签作为容器进行网页布局。

9.2　盒模型属性

我们可以将盒模型的属性当作日常生活中的盒子来理解，日常生活中的盒子也有这些属性。把月饼想象成 HTML 元素，那么月饼盒子就是一个 CSS 盒模型，其中月饼为盒模型的内容，填充的泡沫的厚度为盒模型的内边距，纸盒为盒模型的边框，当多个月饼盒子装在一起时，它们的距离就是盒模型的外边距。

内边距、边框和外边距这些属性都是可选的。许多元素自带外边距和内边距，通过将元素的 margin 和 padding 设置为 0 来覆盖浏览器样式，即在 CSS 样式文件的最开始位置输入以下代码：

```
元素选择器{
    margin:0;
    padding:0;
}
```

盒模型最里面的部分就是内容，有属性宽(width)和高(height)。盒子里面的内容到盒子的边框之间的距离叫内边距，内边距紧紧包围在内容区域的周围。在内边距的外侧边缘是属性边框，边框的作用是在内外边距之间创建一个隔离带，以避免视觉上的混淆。盒子边框外与其他盒子的距离叫外边距。CSS 标准盒模型属性如图 4-3 所示。

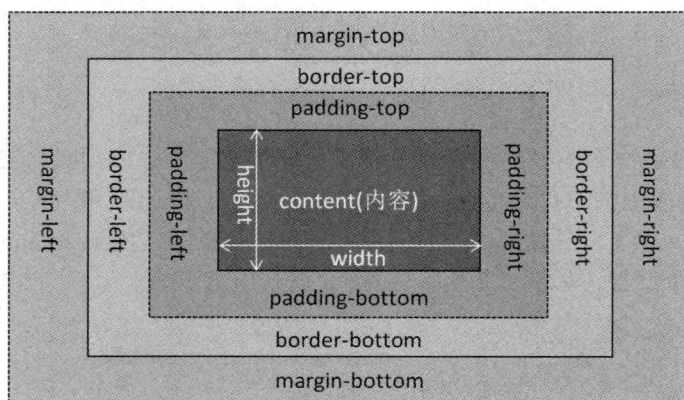

图 4-3　CSS 标准盒模型属性

9.2.1　width 属性和 height 属性

在 CSS 中，width 属性和 height 属性经常被用到，它们分别表示内容区域的宽度和高度。内容是盒子里的"物品"，可以是网页上的任何元素，如文本、图片等数据信息。宽度和高度属性的语法格式如下：

```
width: auto|length|%;
height: auto|length|%;
```

其属性值如表 4-1 所示。

表 4-1　width 和 height 属性值

属性值	含　义
auto	默认值，浏览器会计算出实际的宽度和高度
length	使用 px、cm 等单位定义高度
%	基于包含它的块级元素的百分比高度

案例 example4-1.html 演示了元素的宽度和高度的设置方法，具体代码如下：

```
<!DOCTYPE html>
<html>
<head>
    <meta charset="UTF-8" />
    <title>元素的宽度和高度</title>
    <style type="text/css">
        .d1 {
            width: 500px;
            height: 200px;
            background: #0ff;
        }
```

```
            .d2{
                width: 60%;
                height: 40%;
                background: #fa0;
            }
        </style>
    </head>
    <body>
        <div class="d1">
            <div class="d2">元素的宽高设置</div>
        </div>
    </body>
</html>
```

该案例在浏览器中的显示效果如图 4-4 所示。

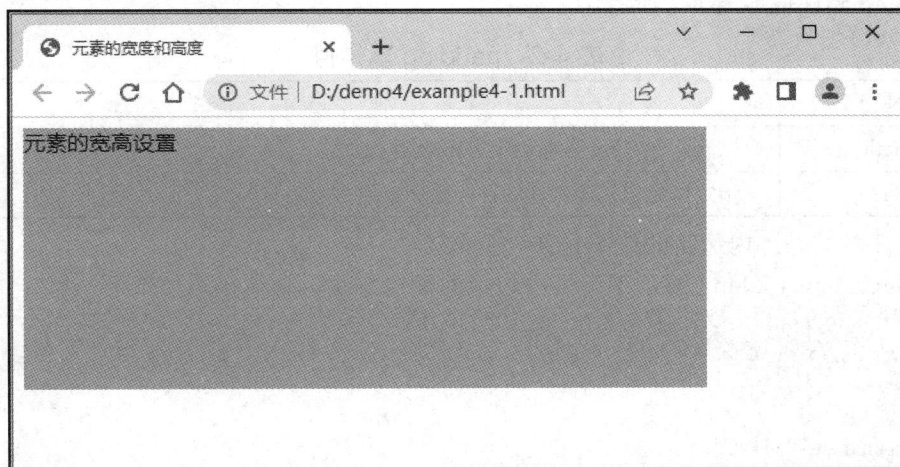

图 4-4　元素的宽度和高度显示效果

子元素 div(类名 d2)的宽度为 500 px × 60% = 300 px，高度为 200 px × 40% = 80 px。子元素的宽度和高度在浏览器中的显示效果如图 4-5 所示。

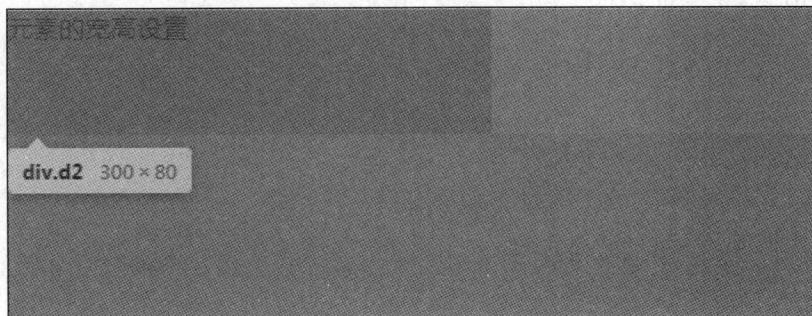

图 4-5　子元素的宽度和高度显示效果

默认情况下，块状元素可以设置宽度和高度，但行内元素是不能设置的。如果需要给行内元素设置宽度和高度，只需要将元素的 display 属性设置为 display:block(块状显示)即可。

9.2.2 内边距

内边距是指元素内容与边框之间的距离，这个距离可以调整内容在盒子中的位置。内边距的设置属性有 padding-top、padding-right、padding-bottom、padding-left，可分别进行设置，也可以用 padding 属性一次设置所有内边距。

1. 单边的内边距

CSS 可以为元素的每一侧指定内边距的属性，语法格式如下：

padding-top: length|%;

padding-right: length|%;

padding-bottom: length|%;

padding-left: length|%;

padding 属性值如表 4-2 所示。

表 4-2　padding 属性值

属性值	含　义
length	以 px、pt、cm 等单位指定内边距
%	指定以包含元素宽度的百分比计算的内边距

需要注意的是，内边距的值不允许为负值。

案例 example4-2.html 演示了元素内边距的设置方法，具体代码如下：

```html
<!DOCTYPE html>
<html>
<head>
<meta charset="UTF-8">
<title>padding</title>
<style>
    p{
        background-color:#ff0;
        width: 200px;
    }
    p.padding{
        padding-top:20px;
        padding -bottom:20px;
        padding -right:40px;
        padding -left:40px;
    }
</style>
```

```
</head>
<body>
    <p>这是一个没有指定填充边距的段落。</p>
    <p class="padding">这是一个指定填充边距的段落。</p>
</body>
```

该案例在浏览器中的显示效果如图 4-6 所示。

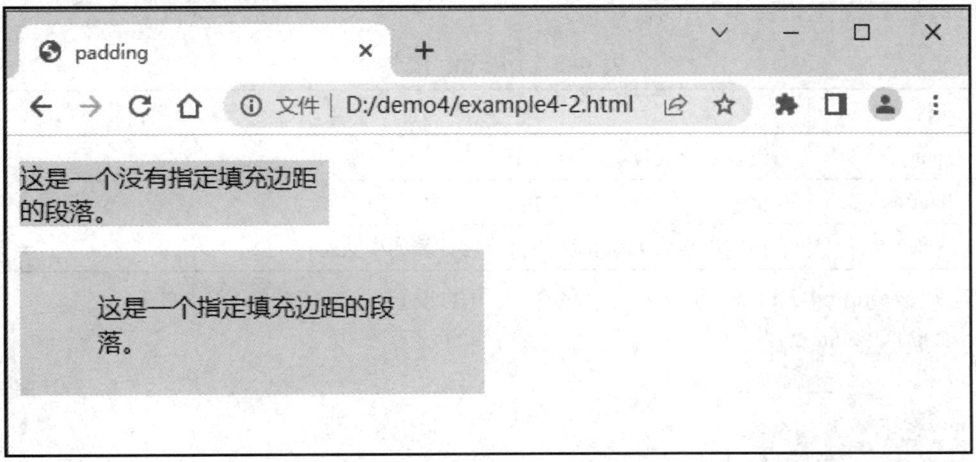

图 4-6　元素内边距的显示效果

从图 4-6 可以看出，内边距会把元素"撑大"。

2. 简写属性 padding

padding 属性是一个复合属性，遵循值复制的原则，可以有 1～4 个值。

(1) 设置一个值：上、下、左、右内边距的值都相同。

例如，padding:25 px; 表示上、下、左、右四个方向的内边距的值都是 25 px。

(2) 设置两个值：第一个值为上、下内边距的值，第二个值为左、右内边距的值。

例如，padding:25 px 50 px; 表示上、下内边距的值为 25 px，左、右内边距的值为 50 px。

(3) 设置三个值：第一个值为上内边距的值，第二个值为左、右内边距的值，第三个值为下内边距的值。

例如，padding:25 px 50 px 75 px; 表示上内边距的值为 25 px，左右内边距的值为 50 px，下内边距的值为 75px。

(4) 设置四个值：第一个值为上内边距的值，第二个值为右内边距的值，第三个为下内边距的值，第四个为左内边距的值。

例如，padding:25 px 50 px 75 px 100 px; 表示上内边距的值为 25 px，右内边距的值为 50 px，下内边距的值为 75 px，左内边距的值为 100 px。

9.2.3　外边距

外边距指的是元素边框与相邻元素之间的距离。在 CSS 中，margin 属性用于设置外边距，来控制盒子与盒子之间的距离。

1. 单边的外边距

CSS 可以为元素的每一侧指定外边距的属性，语法格式如下：

```
margin-top:auto| length|%;
margin-right: auto| length|%;
margin-bottom: auto|length|%;
margin-left: auto|length|%;
```

margin 属性值如表 4-3 所示。

表 4-3　margin 属性值

属性值	含　义
auto	浏览器来自动计算外边距
length	以 px、pt、cm 等单位指定外边距
%	指定以包含元素宽度的百分比计算的外边距

案例 example4-3.html 演示了元素的外边距的设置方法，具体代码如下：

```html
<!DOCTYPE html>
<html>
<head>
<meta charset="UTF-8">
<title>margin</title>
<style>
    p{
        background-color:#ff0;
        width: 200px;
    }
    p.margin{
        margin-top:50px;
        margin-bottom:30px;
        margin-right:100px;
        margin-left:100px;
    }
</style>
</head>
<body>
    <p>这是一个没有指定外边距大小的段落。</p>
    <p class="margin">这是一个指定外边距大小的段落。</p>
    <p>这也是一个没有指定外边距大小的段落。</p>
</body>
```

该案例在浏览器中显示效果如图 4-7 所示。

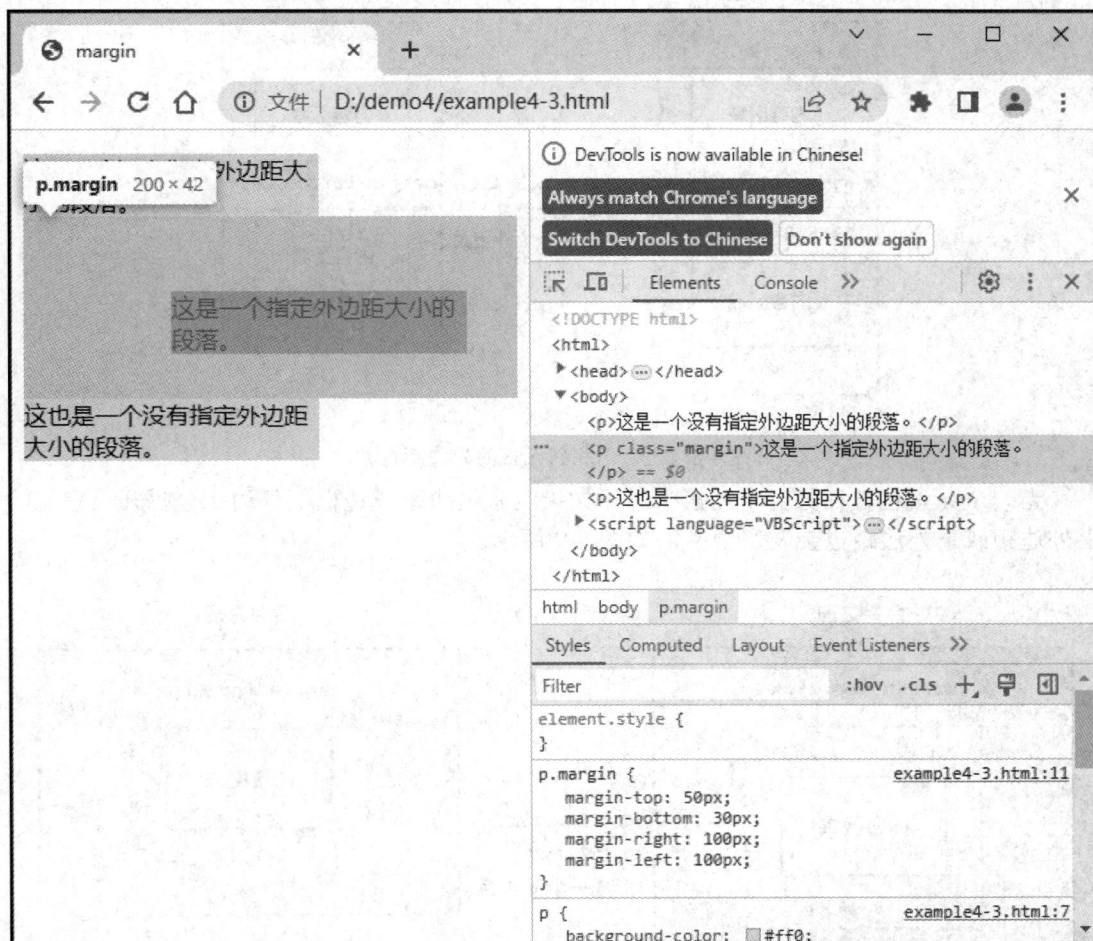

图 4-7　元素外边距的显示效果

2. 简写属性 margin

为了缩减代码，可以在一个属性 margin 中指定所有外边距属性。margin 属性是一个复合属性，属性值可以有 1～4 个值，与内边距属性 padding 的用法类似。

使用 margin 属性时应注意以下两点。

(1) 外边距可以为负值，使相邻元素重叠。

(2) 当使用盒元素进行布局时，使用了宽度属性，同时将 margin 的左右外边距设置为 auto 时，可以实现盒元素的居中设置。该盒元素将占据指定的宽度，并且剩余空间将在左右边界之间平均分配。

3. 外边距的合并

外边距合并是指当两个垂直方向的外边距相邻时，它们将合并成一个外边距。合并后的外边距的高度等于合并前的较大外边距的值。当一个元素出现在另一个元素上面时，第一个元素的下外边距与第二个元素的上外边距也会合并，如图 4-8 所示。

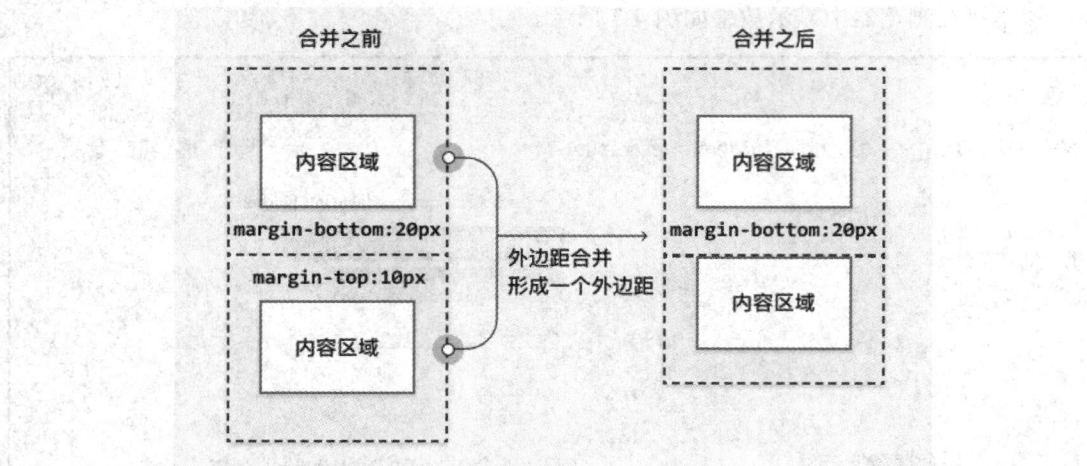

图 4-8　上、下相邻元素的外边距合并

　　当一个元素包含在另一个元素中时，如果没有内边距或边框把外边距分隔开，它们的上外边距或下外边距也会发生合并，如图 4-9 所示。

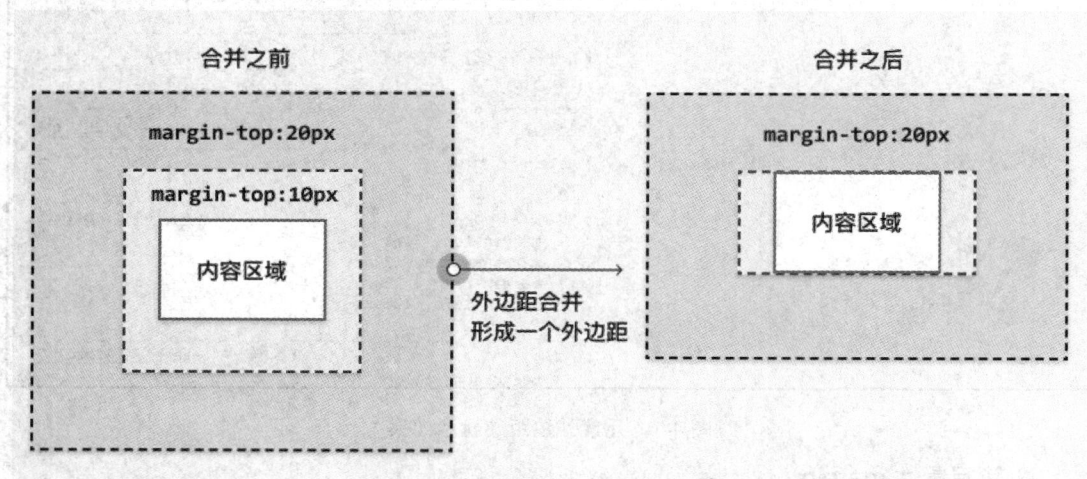

图 4-9　元素包含时的外边距合并

　　当一个空元素有外边距，但是没有边框或填充的情况下，上外边距与下外边距碰到一起，也会发生合并，如图 4-10 所示。

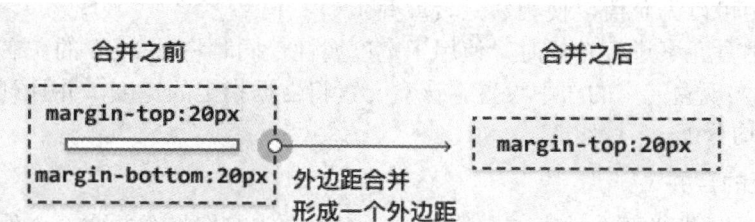

图 4-10　空元素自身的上下外边距合并

当一个空元素的外边距遇到另一个元素的外边距，也会发生合并，如图 4-11 所示。

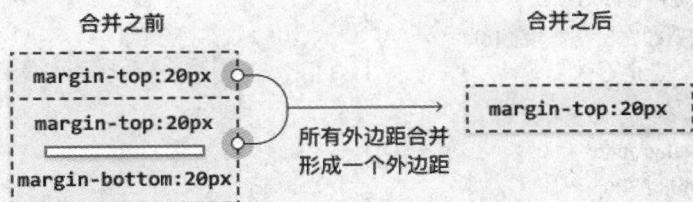

图 4-11　空元素和相邻元素的外边距合并

外边距合并在实际应用中是非常有意义的。下面以由几个段落组成的典型文本页面为例来介绍外边距的应用，如图 4-12 所示，第一个段落上面的空间高度等于段落的上外边距。如果外边距没有合并，后续所有段落之间的外边距都将是相邻的上外边距和下外边距之和，这也就意味着段落之间的空间高度是页面顶部的两倍。而发生外边距合并，段落之间的上外边距和下外边距就会合并在一起，这样各处的距离就一致了。

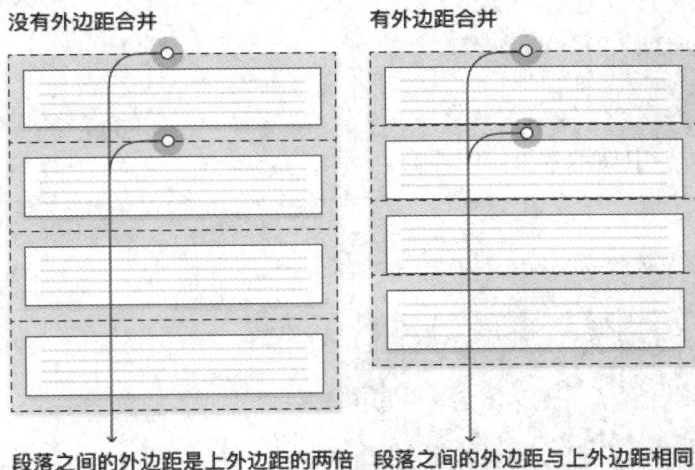

图 4-12　外边距的应用

需要注意的是，只有普通文档流中块状元素的垂直相邻外边距才会发生外边距合并，行内元素、浮动元素或绝对定位元素之间的外边距不会合并。

9.2.4　盒模型的宽度与高度的计算

CSS 代码中的宽度和高度指的是内容的范围。例如，案例 example4-1.html 中设置的 width 和 height 是内容区域的宽度和高度，不是盒模型的宽度与高度，也不是盒模型实际所占的位置。盒模型的宽度与高度的计算方法如下。

盒模型的宽度 = width + 左内边距 + 右内边距 + 左边框 + 右边框 + 左外边距 + 右外边距
盒模型的高度 = height + 顶部内边距 + 底部内边距 + 上边框 + 下边框 + 上外边距 + 下外边距

案例 example4-4.html 演示了盒模型实际所占的位置，具体代码如下：

```
<!DOCTYPE html>
<html lang="en">
```

```
<head>
    <meta charset="UTF-8" />
    <title>盒模型的宽度与高度</title>
    <style type="text/css">
        div{
            background: #fa0;
            width: 300px;
            height: 80px;
            padding: 30px;
            border: 10px solid;
            margin: 20px;
        }
    </style>
</head>
<body>
    <div>这是元素的内容</div>
</body>
</html>
```

该案例在浏览器中显示效果如图 4-13 所示。

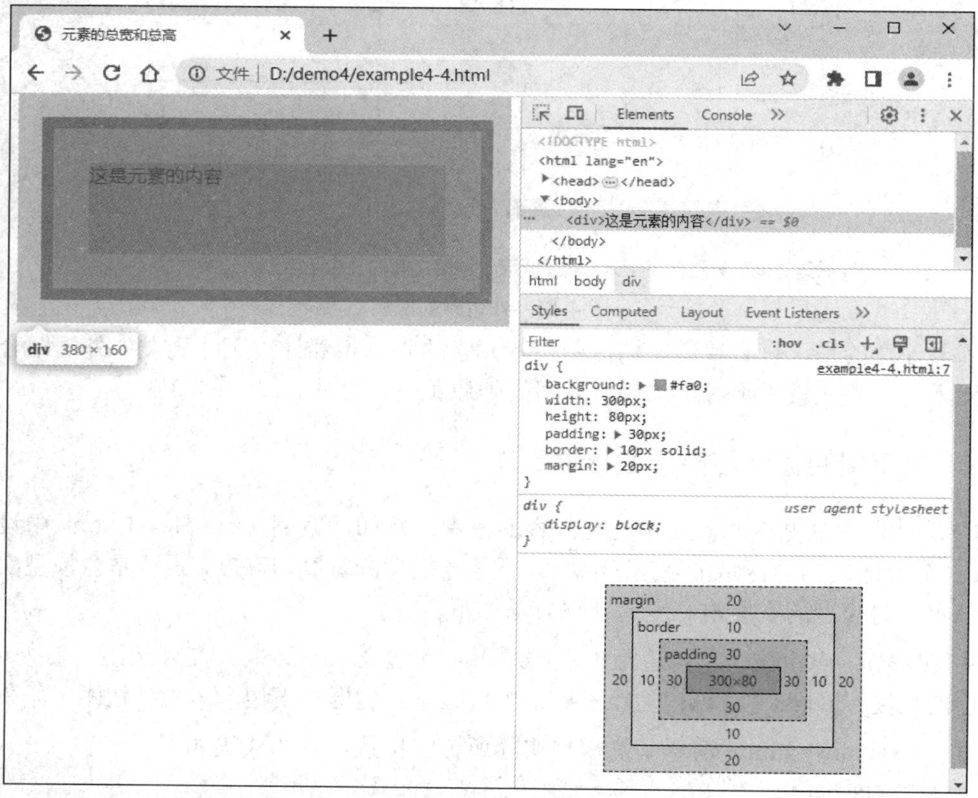

图 4-13　盒模型的宽度与高度显示效果

代码中 div 元素四个方向都设置了 30 px 的内边距，10 px 的边框，20 px 的外边距。

盒模型的宽度为：300 px + 30 px + 30 px + 10 px + 10 px + 20 px + 20 px = 420 px。

盒模型的高度为：80 px + 30 px + 30 px + 10 px + 10 px + 20 px + 20 px = 200 px。

9.3　任务实现

1. 创建项目

创建一个项目文件夹 demo4，启动 Sublime Text，打开项目文件夹，在项目文件夹中建立 index.html 文件、images 文件夹和 css.css 文件。需要注意的是，网站首页都是用 index 或者 default 命名的。

2. 快速生成 HTML5 文档

(1) 启动 Sublime Text，打开首页文件 index.html，写出 HTML5 文档的头部结构。

打开文件 index.html，输入"!"后按 Ctrl + E 键或 Tab 键，可快速生成 HTML5 的模板。在<title></title>中输入"学习党的二十大精神专题网首页"，为网页设置文档标题。采用外部样式表引入样式的方法，在头部使用<link>标签链接 CSS 样式文件。头部代码如下：

```html
<head>
    <meta charset="UTF-8" />
    <title>学习党的二十大精神专题网首页</title>
    <link rel="stylesheet" href="css.css">
</head>
```

(2) 在<body></body>中写出页头板块的主体代码。

页头板块内容较少，主要分为友情链接和搜索条两个部分。此处主要用到了<div>、<form>、<input>、<button>标签。主体代码如下：

```html
<!-- 页头 -->
<div class="top w1200">
    <span>友情链接：<a href="https://www.jxvcie.edu.cn/">江西工业工程职业技术学院</a></span>
    <!-- 搜索框区域 -->
    <div class="search">
        <form action="">
            <input type="search" placeholder="输入关键字...">
            <button>搜索</button>
        </form>
    </div>
</div>
```

注意：首页分为多个板块，在 HTML 文档中需要用注释标记<!--　-->在每个板块的前面注释清楚。

3. 构建 CSS 样式

(1) 在 Sublime Text 中打开 css.css 文件，设置首页的公共 CSS 样式，具体代码如下：

```css
/* 公共样式 */
body,ul,li,form,input,button,img,p{
    margin:0;
    padding:0;
    border:0;
}
img{
    width:100%;
    height: auto;
    vertical-align: middle;/*去除图片下间隙*/
}
ul,li{
    list-style: none;
}
a{
    text-decoration: none;
    color:#333;
}
.w1200 {
    width: 1200px;
    margin: 0 auto;
}
```

(2) 设置页头板块样式，具体代码如下：

```css
/* 页头样式*/
.top{
    line-height: 36px;
    height: 36px;
}
.search {
    float:right;
    width: 438px;
    height: 30px;
    border: 2px solid #ccc;
    border-radius:5px;
    margin:3px 0;
}
.search input {
```

```
        float: left;
        width: 358px;
        height: 30px;
        padding-left: 10px;
    }
    .search button {
        float: left;
        width: 80px;
        height: 30px;
        background-color: #c80000;
        font-size: 16px;
        color: #fff;

    }
```

　　在 index.html 与 css.css 文件中保存相关代码，在浏览器中打开 index.html，显示效果如图 4-1 所示。至此，任务 9 基本完成。

任务 10 首页导航栏板块的设计与制作

知识目标

(1) 掌握浮动布局的特性。
(2) 掌握浮动属性及其含义。
(3) 掌握清除浮动影响的方法。

能力目标

(1) 能够使用浮动属性进行网页布局。
(2) 能够灵活运用清除浮动影响的方法。

素质目标

(1) 提升逻辑思维能力及实践能力。
(2) 培养分析和解决问题的能力。
(3) 培养学生的团队协作意识。

任务描述

导航栏作为网站的门户，是用户访问网站并获取信息的主要途径。一个清晰、明了的导航栏可以让用户一目了然地了解网站的整体架构和所包含的内容，轻松地找到想要的信息，提高用户的操作效率和体验感。导航栏是对整个网站模块的简单介绍，直接单击导航栏中的某一个按钮或导航项，便可以进入其相应的网页。

本任务使用浮动布局完成"学习党的二十大精神专题网"首页导航栏效果，要求熟练掌握浮动属性的使用，以及清除浮动影响的方法。任务 10 完成效果如图 4-14 所示。

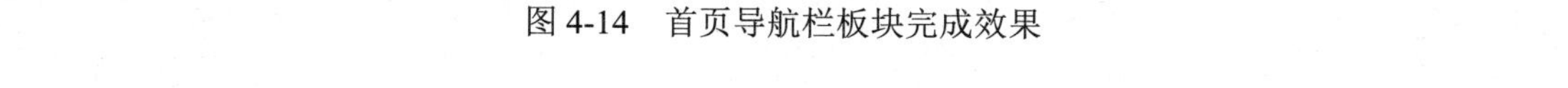

| 专题首页 | 学习资料 | 学习研讨 | 学习动态 | 在线留言 | 学习光影 |

图 4-14 首页导航栏板块完成效果

10.1　浮 动 布 局

10.1.1　网页布局方式

在制作网页的过程中，有一个重要的环节就是设置网页的布局方式，即 HTML 元素的顺序如何排列。CSS 中默认的布局方式是普通流布局，也称为标准流布局，这是最基本的布局方式。所谓的标准流布局就是指元素按默认方式排列，这种布局方式的特点如下。

(1) 块状元素单独占一行，可以设置宽度和高度，在没有设置大小的情况下，块状元素的宽度撑满父元素，高度由内容大小决定。默认的排列方式是按照 HTML 里的顺序从上到下排列，垂直方向相邻外边距会合并。

(2) 行内元素的宽度和高度与内容一致，不可以设置宽度和高度。默认从左到右排列，当碰到父元素边缘时，则自动换到下一行。

案例 example4-5.html 演示了标准流中块状元素的自动排列顺序，具体代码如下：

```
<!DOCTYPE html>
<html>
    <head>
        <meta charset="UTF-8">
        <title>标准流</title>
        <style type="text/css">
            .wrapper {
                border: 1px solid #f00;
                padding: 5px;
                width: 500px;
            }

            .box {
                border: 1px solid #333;
                margin-bottom: 5px;
            }

            .box1 {
                height: 50px;
            }

            .box2 {
                width: 300px;
```

```
                    height: 40px;
                }


                .box3 {
                    width: 260px;
                }
        </style>
    </head>
    <body>
        <div class="wrapper">
            <div class="box box1">div1</div>
            <div class="box box2">div2</div>
            <div class="box box3">div3</div>
        </div>
    </body>
</html>
```

该案例在浏览器中的显示效果如图 4-15 所示。

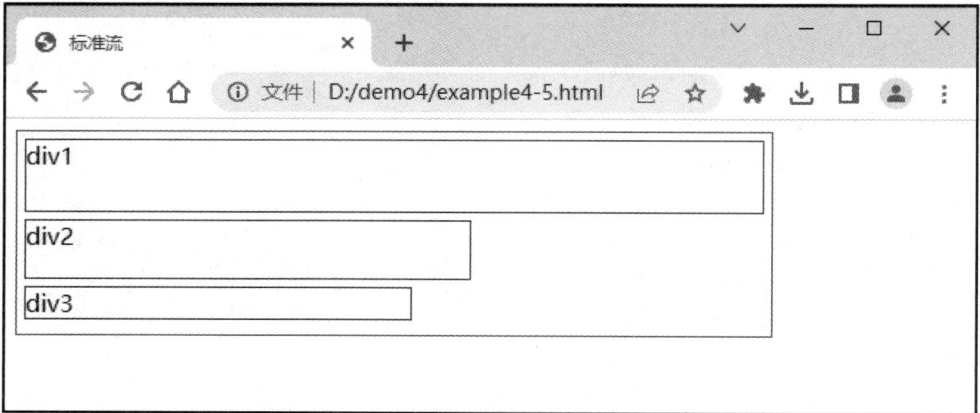

图 4-15　标准流布局显示效果

有些网页布局使用标准流不能实现，这时可以利用浮动布局来实现，因为浮动布局可以改变标签元素默认的排列方式。使用浮动布局是为了让块状元素在一行中显示(列级布局)，或者让文本在图片的周围显示。

10.1.2　浮动属性 float

在 CSS 中，浮动布局是通过 float 属性来实现的。float 属性定义元素向哪个方向浮动。应用了浮动布局后，元素会脱离标准文档流的控制，移动到其父元素中指定的位置，其语法格式如下：

```
float: left | right | none;
```

float 属性值如表 4-4 所示。

表 4-4　float 属性值

属性值	含　义
left	元素向左浮动
right	元素向右浮动
none	默认值，元素不浮动，并会显示其在文本中出现的位置

10.1.3　浮动布局的特性

任何元素都可以设置浮动布局，当为元素设置了浮动布局后，它会按指定方向向左或向右移动，直到它的外边缘碰到父元素包含框或另一个浮动框的边框为止。为元素设置浮动布局后，其具有以下特性。

1) 脱离标准流

为元素设置浮动布局后，它成为浮动框，会脱离标准流的控制，移动到指定位置。这个浮动框不再占据该元素原来占据的位置。块状元素浮动后不再独占一行，行内元素浮动后变成一个块状元素，可以指定宽高。

2) 浮动元素会影响后面的元素

浮动元素会影响处于它后面的标准流元素，不会影响处于它前面的标准流元素。影响内容包括元素的背景、边框、内边距、外边距，但内容不会受影响。

案例 example4-6.html 在案例 example4-5.html 的基础上进行了修改，展示了 float 属性的特性。其中，HTML 代码不变，CSS 中给类名为 box1 的 div1 元素添加 float: left;设置浮动布局，修改后的代码如下：

```
.box1{
    height: 50px;
    float: left;
}
```

该案例在浏览器中的显示效果如图 4-16 所示。

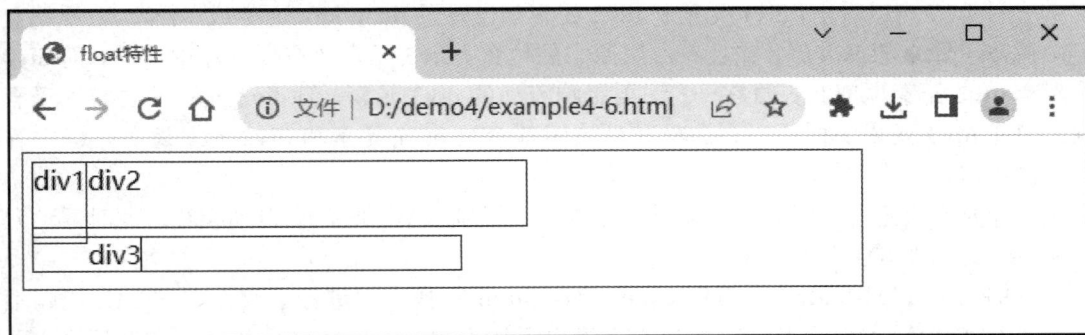

图 4-16　为 div1 元素设置浮动布局的显示效果

从图 4-16 可以看出，div1 元素因为设置了 float:left; 而变成了浮动流(浮动框)，脱离了原来的标准流，并且不占用原来的位置。div2 元素和 div3 元素要在标准流中流动，而 div1 元素要影响流动的 div2 元素和 div3 元素，但 div2 元素和 div3 元素的内容不受影响。因此 div2 元素和 div3 元素的内边距、边框和外边距都会被 div1 元素遮盖，但内容不会被遮盖。

3) 浮动元素具有行内块状元素的特性

任何元素添加浮动布局后，都将具有与行内块状元素相似的特性。浮动框可以设置宽度和高度，在没有设置宽度和高度时，它的大小由内容决定。当相邻的元素都设置浮动布局时，它们会按照指定的属性值浮动到一行内显示，并且顶端对齐排列。

案例 example4-7.html 在案例 example6.html 的基础上进行了修改，HTML 代码不变，在 CSS 中给类名为 box2 的 div2 元素加上 float: left;设置浮动布局，修改后的代码如下：

```
.box2{
    width: 300px;
    height: 40px;
    float: left;
}
```

该案例在浏览器中的显示效果如图 4-17 所示。

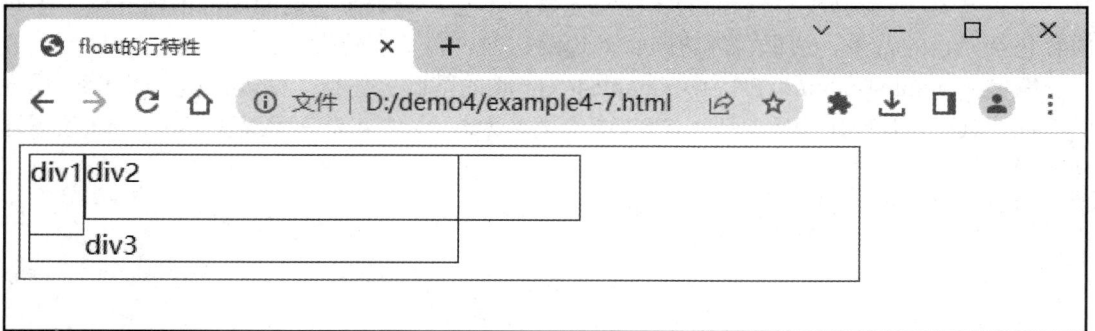

图 4-17 为 div2 元素设置浮动布局的显示效果

从图 4-17 可以看出，div1 元素和 div2 元素都设置了 float: left; 而变成了浮动流(浮动盒子)，脱离了原来的标准流，并且不占用原来的位置。div3 元素要在标准流中流动，而 div1 元素和 div2 元素顶部对齐排在一行，要影响流动的 div3 元素，但 div3 元素的内容不受影响。因此 div3 元素的内边距、边框和外边距都会被 div1 元素和 div2 元素遮盖，但内容不会被遮盖。

与行内块状元素不同的是，当浮动元素在一行显示不下时，会自动换行，此时浮动元素可能会出现"卡住"的现象。

案例 example4-8.html 在案例 example4-7.html 的基础上进行了修改，HTML 代码不变，在 CSS 中给类名为 box3 的 div3 元素也添加上 float: left;设置浮动，修改后的代码如下：

```
.box3{
    width: 260px;
    float: left;
}
```

该案例在浏览器中的显示效果如图 4-18 所示。

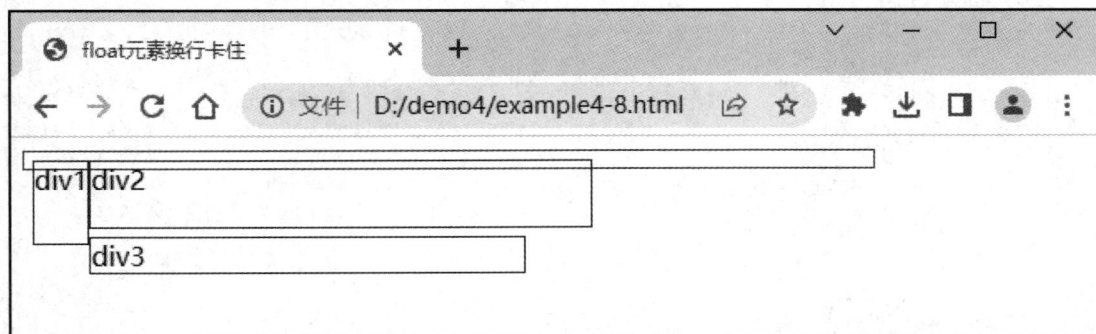

图 4-18　浮动元素被"卡住"的显示效果

　　div3 元素向左浮动后，应该与向左浮动的 div1 元素和 div2 元素顶部对齐显示在同一行。从图 4-18 可以看到，div2 元素的右边空间不够，放不下 div3 元素，因此 div3 元素会自动换行。但由于 div1 元素比 div2 元素更高，因此将 div3 元素"卡住"了，div3 元素到不了真正的下一行，而是在 div1 元素的右边。

　　行内块状元素与 float 浮动元素的比较如表 4-5 所示。

表 4-5　行内块状元素与 float 浮动元素的比较

行内块状元素	float 浮动元素
实现行内块状元素在一行显示 代码换行被解析成一个空格 不设置宽度的时候，宽度由内容大小决定 在原标准流中，占有标准流的位置	实现块状元素在一行显示 代码换行不会被解析了空格 不设置宽度的时候，宽度由内容大小决定 脱离标准流，不再占原标准流的位置

　　案例 example4-9.html 演示了行内块状元素与 float 浮动元素的区别，主体代码如下：

```
<!DOCTYPE html>
<html>
    <head>
        <meta charset="UTF-8">
        <title>比较行内块状元素和 float 元素</title>
        <style type="text/css">
            .wrapper {
                border: 1px solid #f00;
                padding: 5px;
                width: 700px;
                margin-bottom: 10px;
```

```
            }
            .box {
                border: 1px solid #333;
                margin-bottom: 5px;
            }
            .box1,.box4{
                height: 50px;
            }
            .box2,.box5{
                width: 300px;
                height: 40px;
            }
            .box3,.box6{
                width: 260px;
            }
            .box1,.box2,.box3{
                display: inline-block;
            }
            .box4,.box5,.box6{
                float: left;
            }
        </style>
    </head>
    <body>
        <div class="wrapper">
            <div class="box box1">div1</div>
            <div class="box box2">div2</div>
            <div class="box box3">div3</div>
        </div>
        <div class="wrapper">
            <div class="box box4">div1</div>
            <div class="box box5">div2</div>
            <div class="box box6">div3</div>
            <div style="clear: both;"></div>
        </div>
    </body>
</html>
```

该案例在浏览器中的显示效果如图 4-19 所示。

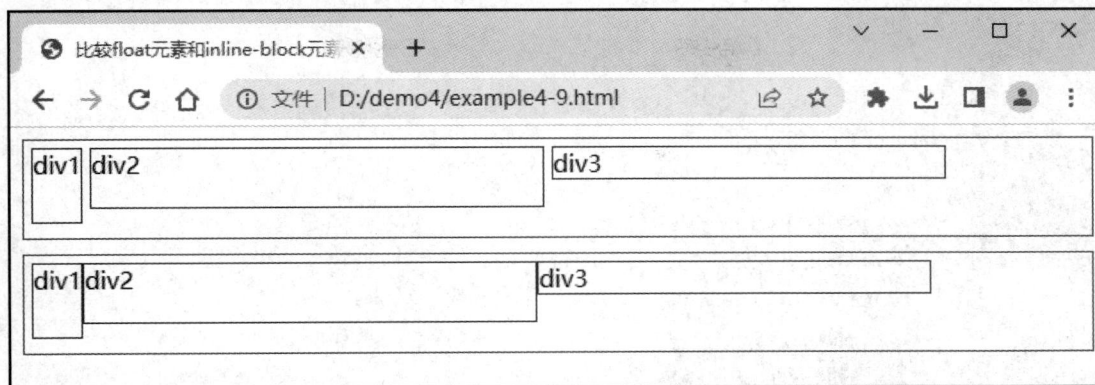

图 4-19　行内块状元素与 float 浮动元素的显示效果

10.2　清 除 浮 动

在进行网页布局时，当容器的高度设置为 auto 且容器中有浮动元素时，容器的高度不能自动伸长以适应内容的高度，会使内容溢出到容器外面，导致网页出现移位，这个现象被称为浮动溢出。为了防止这个现象的出现而进行的 CSS 处理，就叫作清除浮动。

10.2.1　clear 属性

在 CSS 中，清除浮动属性 clear 定义了元素的哪一侧不允许出现浮动元素，其语法格式如下：

```
clear:none | left | right | both;
```

clear 属性值如表 4-6 所示。

表 4-6　clear 属性值

属性值	含　　义
none	默认值，允许元素两侧都有浮动元素
left	不允许元素的左侧有浮动元素
right	不允许元素的右侧有浮动元素
both	不允许元素的左、右两侧有浮动元素

clear 属性的常见用法是在元素上使用了 float 属性之后，在清除浮动时，应该对清除与浮动进行匹配。如果某个元素浮动到左侧，则应清除左侧，浮动元素会继续浮动，但是被清除的元素将显示在其下方。在实际开发过程中，几乎都是使用 both 属性值。

案例 example4-10.html 演示了 clear 属性的使用，主体代码如下：

```html
<!DOCTYPE html>
<html>
    <head>
        <meta charset="UTF-8">
        <title>clear</title>
        <style type="text/css">
            .wrapper {
                border: 1px solid #f00;
                padding: 5px;
                width: 500px;
            }
            .box {
                border: 1px solid #333;
                margin-bottom: 5px;
            }
            .box1{
                height: 50px;
                float: left;
            }
            .box2{
                width: 300px;
                height: 40px;
                float: right;
            }
            .box3{
                width: 260px;
                clear: left;
            }
        </style>
    </head>
    <body>
        <div class="wrapper">
            <div class="box box1">div1</div>
            <div class="box box2">div2</div>
            <div class="box box3">div3</div>
        </div>
    </body>
</html>
```

该案例在浏览器中的显示效果如图 4-20 所示。

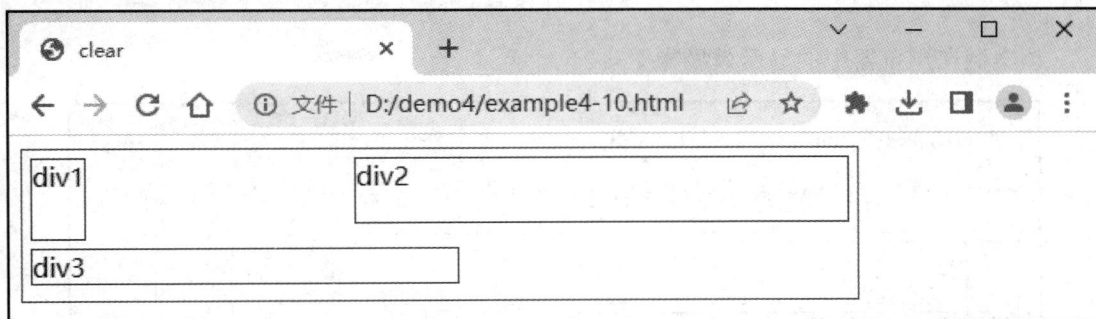

图 4-20　clear 属性的显示效果

10.2.2　清除浮动的常用方法

清除浮动主要是为了解决父元素因为子元素浮动而引起的内部高度为 0 的问题。清除浮动的常用方法有以下三种。

1) 设置父元素的高度

案例 example4-11.html 的 HTML 代码和案例 example4-10.html 相同，当三个子元素都浮动时，给父元素设置高度，主体代码如下：

```
.wrapper {
    border: 1px solid #f00;
    padding: 5px;
    height: 150px;
}
.box {
    border: 1px solid #333;
    margin-bottom: 5px;
    width: 500px;
}
.box1{
    height: 50px;
    float: left;
}
.box2{
    width: 300px;
    height: 40px;
    float: left;
}
.box3{
    width: 260px;
```

```
        float: left;
    }
```

该案例在浏览器中的显示效果如图 4-21 所示。

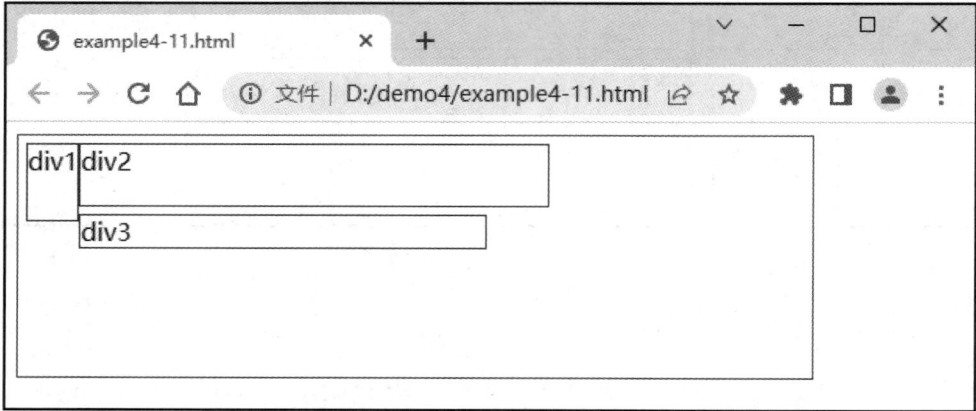

图 4-21　为父元素设置高度清除浮动显示效果

此方法的优点是代码简单，浏览器支持情况好；缺点是在高度固定的情况下，当元素的内容增多到一定程度时，会产生溢出现象。该方法适合初学者使用。

2) 额外标签法

额外标签法是在浮动元素的后面(父元素的结尾处)加入一个额外的标签，这个空元素专门用来清除浮动，让父元素可以自动获取高度。这个方法的本质是闭合浮动，闭合父盒子的出口和入口，不让子盒子出来，因此也称为隔离法。

案例 example4-12.html 演示了用额外标签法清除浮动，主体代码如下：

```
<!DOCTYPE html>
<html>
    <head>
        <meta charset="UTF-8">
        <title>空 div 清除浮动</title>
        <style type="text/css">
            .wrapper {
                border: 1px solid #f00;
                padding: 5px;
                width: 500px;
            }
            .box {
                border: 1px solid #333;
                margin-bottom: 5px;
            }
            .box1 {
```

```
                    height: 50px;
                    float: left;
                }
                .box2{
                    width: 300px;
                    height: 40px;
                    float: left;
                }
                .box3{
                    width: 260px;
                    float:left;
                }
                .clr{
                    clear: both;
                }
        </style>
</head>
<body>
        <div class="wrapper">
            <div class="box box1">div1</div>
            <div class="box box2">div2</div>
            <div class="box box3">div3</div>
            <div class="clr"></div>
        </div>
    </body>
</html>
```

该案例在浏览器中的显示效果如图 4-22 所示。

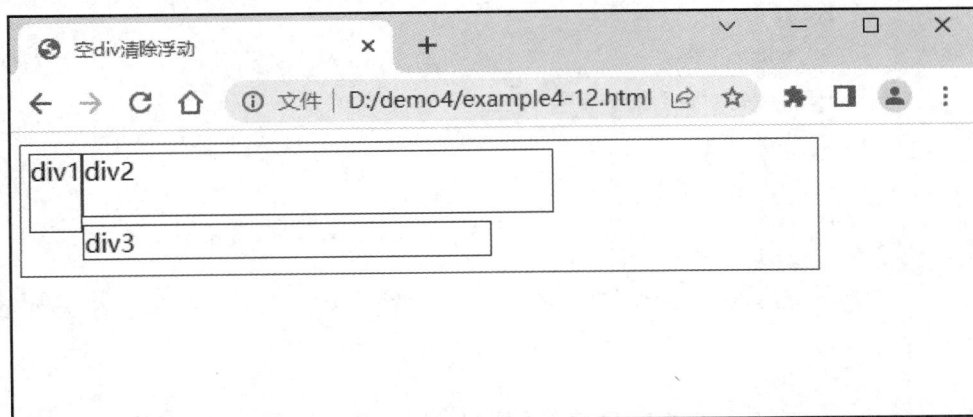

图 4-22 用额外标签法清除浮动显示效果

此方法要求额外添加的标签必须是块状元素，行内元素则无效，通常是空<div>标签。

此方法的优点是代码简单，通俗易懂，书写方便，浏览器支持情况好；缺点是当网站中多处网页要清除浮动时，添加的空<div>标签越来越多，这些无意义的标签会导致代码冗余，结构性较差。该方法在老版浏览器中使用得比较多。

3) after 伪元素法

after 伪元素法是额外标签法的升级版，使用此方法不需要添加额外的标签，而是使用父元素的 after 伪元素并添加 clear:both。

案例 example4-13.html 演示了用 after 伪元素法清除浮动，主体代码如下：

```html
<!DOCTYPE html>
<html>
    <head>
        <meta charset="UTF-8">
        <title>伪元素法清除浮动</title>
        <style type="text/css">
            .wrapper {
                border: 1px solid #f00;
                padding: 5px;
                width: 500px;
            }
            .box {
                border: 1px solid #333;
                margin-bottom: 5px;
            }
            .box1{
                height: 50px;
                float: left;
            }
            .box2{
                width: 300px;
                height: 40px;
                float: left;
            }
            .box3{
                width: 260px;
                float:left;
            }
            .clr:after{
                content:"这是专门用来清除浮动的";
                display: block;
```

```
                clear: both;
                height: 0px;
                overflow: hidden;
                visibility: hidden;
            }
        </style>
    </head>
    <body>
        <div class="wrapper clr">
            <div class="box box1">div1</div>
            <div class="box box2">div2</div>
            <div class="box box3">div3</div>
        </div>
    </body>
</html>
```

该案例与案例 example4-12.html 在浏览器中的显示效果相同。

此方法是目前清除浮动的常用方法。此方法的优点是不会出现冗余的代码，便于以后代码的维护，复用性高；缺点是不支持低版本的浏览器。

10.3 任 务 实 现

1. 构建 HTML 结构

启动 Sublime Text，打开首页文件 index.html，在</body>之前、页头板块的 HTML 代码之后，输入导航栏板块的相关元素内容，主体代码如下：

```
<!--导航-->
<nav>
    <ul class="nav">
        <li class="selected"><a href="index.html">专题首页</a></li>
        <li><a href="xxzl.html">学习资料</a></li>
        <li><a href="#">学习研讨</a></li>
        <li><a href="xxdt.html">学习动态</a></li>
        <li><a href="zxly.html">在线留言</a></li>
        <li><a href="#">学习光影</a></li>
    </ul>
</nav>
```

这是常规的导航栏结构。

2. 构建 CSS 样式

样式写在 css.css 文件中，具体实施步骤如下。

（1）设置导航栏背景，使 nav 通屏显示并填充背景颜色，主体代码如下：

```
nav{
    background-color: #fae1c2;
    width: 100%;
}
```

（2）设置导航项的容器居中，给 ul 添加一个类名为 nav，设置其宽度，使其居中，主体代码如下：

```
.nav{
    width:1200px;
    margin:0 auto;
}
```

（3）把默认的纵向导航栏设置为横向导航栏，并添加合适的宽度，设置行高，使每项导航文字水平垂直对齐，主体代码如下：

```
.nav li{
    float: left;
    line-height: 50px;
    width:200px;
    text-align: center;
    color: #d30000;
}
```

（4）清除浮动布局，主体代码如下：

```
.nav:after{
        content:"这是专门用来清除浮动的";
        display: block;
        clear: both;
        height: 0px;
        overflow: hidden;
        visibility: hidden;
}
```

（5）设置鼠标指针悬停到导航项时的样式，主体代码如下：

```
.nav li a{
    display: inline-block;
    font-size: 18px;
    color: #d30000;
    padding: 5px 20px;
    line-height: 30px;
    text-align: center;
    margin: 0 44px;
    transition:0.5s;
```

```
    }
.nav li a:hover{
    background-color: #d30000 ;
    color: #fff;
    border-radius: 20px;
    }
```

以上代码中，transition 属性用于从一种状态过渡到另一种状态，即在一定的时间内进行元素平滑过渡。

(6) 设置类名为 selected 的超链接样式，主体代码如下：

```
.select{
    background-color: #d30000 ;
    color: #fff!important;
    border-radius: 20px;
    }
```

以上代码中，!important 规则的声明被应用到相同的元素上时，拥有更高优先级的声明将会被采用。保存相关代码后，在浏览器中的显示效果如图 4-14 所示。至此，任务 10 全部完成。

任务 11　首页 banner 板块的设计与制作

知识目标

(1) 掌握定位属性的用法。

(2) 掌握定位方式的用法。

(3) 掌握 z-index 层叠等级属性的用法。

能力目标

(1) 能够灵活使用定位进行网页布局。

(2) 能够在设计中解决样式冲突问题。

素质目标

(1) 掌握 Web 开发标准。

(2) 培养分析问题和解决问题的能力。

(3) 培养团队协作能力。

任务描述

banner 是一种宣传广告图，主要用于网页、活动宣传海报以及报纸杂志中。在网页设计过程中，banner 图是整个网页中面积最大、位置最显著的区域。

本任务案例结构比较简洁，但是涉及的 CSS 知识点较为全面。本任务通过完成"学习党的二十大精神专题网"首页 banner 板块的设计与制作，让读者熟练掌握使用定位实现排版的方法。任务 11 完成效果如图 4-23 所示。

图 4-23　首页 banner 板块完成效果

11.1　元 素 的 定 位

在进行 CSS 布局时，常通过 position 属性来设置元素的定位模式，其语法格式如下：

```
position: static| relative |absolute |fixed|sticky;
```

其中，static 表示静态定位，是默认的定位方式；relative 表示相对定位，是相对于其标准流的位置进行定位；absolute 表示绝对定位，是相对于其上一个已经定位的父元素进行定位；fixed 表示固定，是相对于浏览器窗口进行定位；sticky 表示黏性定位，是根据用户的滚动位置进行定位。

在确定了定位模式后，还要配合偏移的边缘性来定义元素的具体位置。在 CSS 中，主要通过 top、right、bottom 和 left 属性来精确定义定位元素的位置，其具体含义如表 4-7 所示。

表 4-7　偏移边缘属性

属　　性	含　　义
top	规定元素的顶部边缘，定义元素相对于其父元素上边线的距离
right	右侧偏移量，定义元素相对于其父元素右边线的距离
bottom	底部偏移量，定义元素相对于其父元素下边线的距离
left	左侧偏移量，定义元素相对于其父元素左边线的距离

11.2　定 位 的 分 类

11.2.1　相对定位

使用相对定位的元素，会相对于自身原本的位置，通过偏移指定的距离，到达新的位置。使用相对定位，除了要将 position 属性值设置为 relative 外，还需要指定一定的偏移量。其中，水平方向的偏移量由 left 和 right 属性指定；竖直方向的偏移量由 top 和 bottom 属性指定。使用相对定位的元素不会脱离原来的标准流，在标准流中所占的空间不会改变。

案例 example4-14.html 演示了相对定位的使用，主体代码如下：

```
<!DOCTYPE html>
<html>
    <head>
        <meta charset="UTF-8">
        <title>relative 相对定位</title>
        <style>
```

```
            h2{background: #fa0;}
            h2.pos_top {
                position: relative;
                left: 100px;
                top: -30px;
            }
        </style>
    </head>
    <body>
        <h2>这是一个没有定位的标题</h2>
        <h2 class="pos_top">这个标题是根据其正常位置向左向上移动</h2>
    </body>
</html>
```

该案例在浏览器中的显示效果如图 4-24 所示。

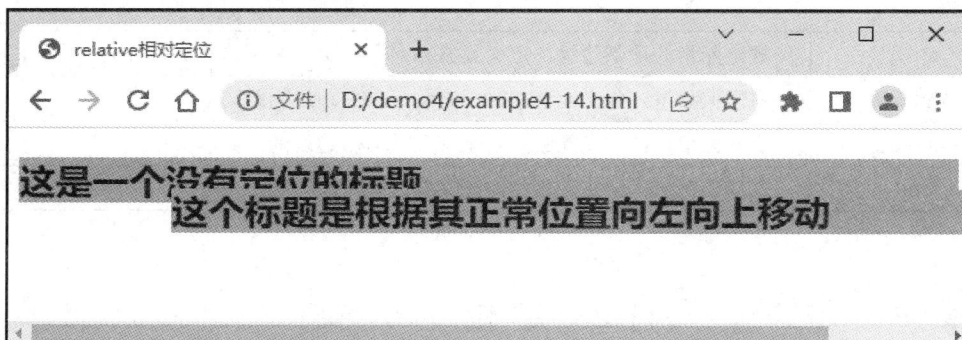

图 4-24　相对定位显示效果

没有设置相对定位时，元素在浏览器中的显示效果如图 4-25 所示。

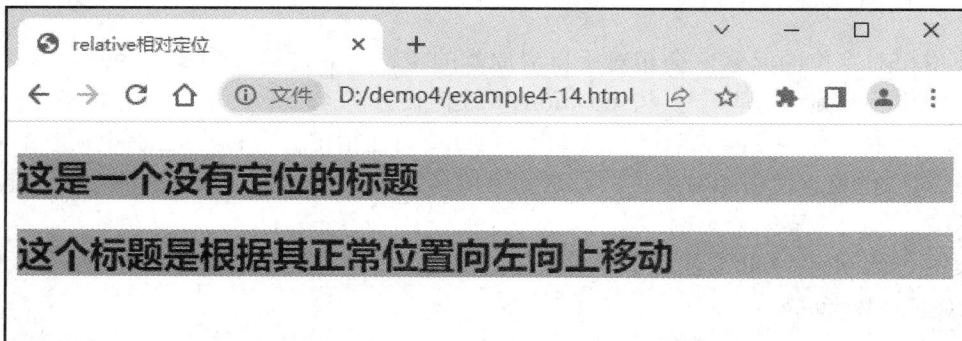

图 4-25　没有设置相对定位时的标准流显示效果

11.2.2　绝对定位

当 position 属性值设置为 absolute 时，可以将元素的定位模式设置为绝对定位。使用绝对定位的元素是以离它"最近"的一个"已经定位"的"祖先元素"为基准进行偏移的。如果没有已经定位的祖先元素，就以浏览器窗口为基准进行定位。

　　绝对定位元素完全脱离原来的标准流，也就不会占用原来标准流中的空间，这一点和浮动类似。它的特点在于，当绝对定位元素发生位移时，原先初始位置的内容如同被去除了一样，这个元素的初始位置被其他内容填补。元素使用绝对定位后，不论它原来是何种类型的元素，都会生成一个块级框。

　　案例 example4-15.html 演示了绝对定位的原理，主体代码如下：

```html
<!DOCTYPE html>
<html>
    <head>
        <meta charset="UTF-8">
        <title>absolute 绝对定位</title>
        <style>
        .one{
            height: 150px;
            background: #fa0;
        }
        .two{
            width: 400px;
            height: 100px;
            background: #0f0;
        }
        .three{
            background: #03f;
            position: absolute;
            right: 200px;
            bottom: 100px;
        }
        </style>
    </head>
    <body>
        <div class="one">
            最外层的元素 one
            <div class="two">
                子元素 two
                <div class="three">
                子元素 three
                </div>
            </div>
```

```
        </div>
    </body>
</html>
```

该案例在浏览器中的显示效果如图 4-26 所示。

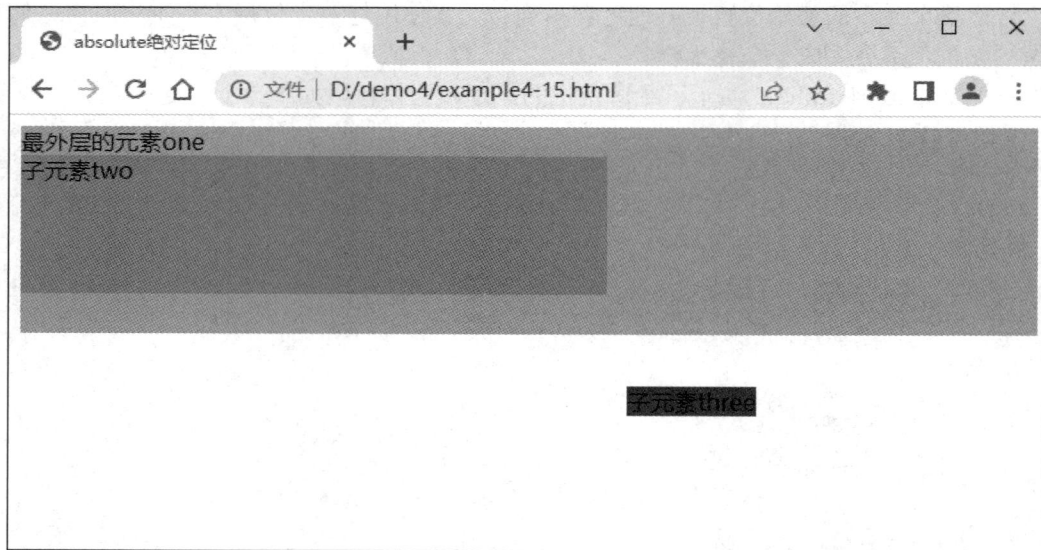

图 4-26　绝对定位的元素参照 body 元素定位显示效果

在此案例中，"子元素 three"设置了 position: absolute;，成了绝对定位元素，因此脱离了标准流，并且不占用原标准流中的位置。它的父元素"子元素 two"和"最外层的元素 one"都不是定位元素，因此它的定位是相对 body 来进行定位的，即"子元素 three"的右边界与 body 的右边界的距离为 200 px，"子元素 three"的下边界与 body 的下边界的距离为 100 px，边偏移量如图 4-27 所示。

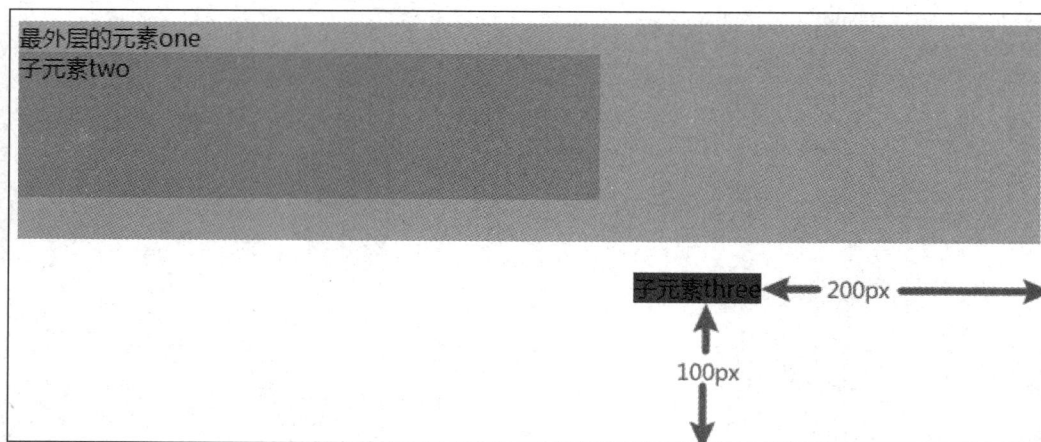

图 4-27　参照 body 元素的边偏移量

在上面的示例中，如果修改 CSS 代码，给"最外层的元素 one"设置 position: relative;，显示效果会发生如图 4-28 所示的变化。

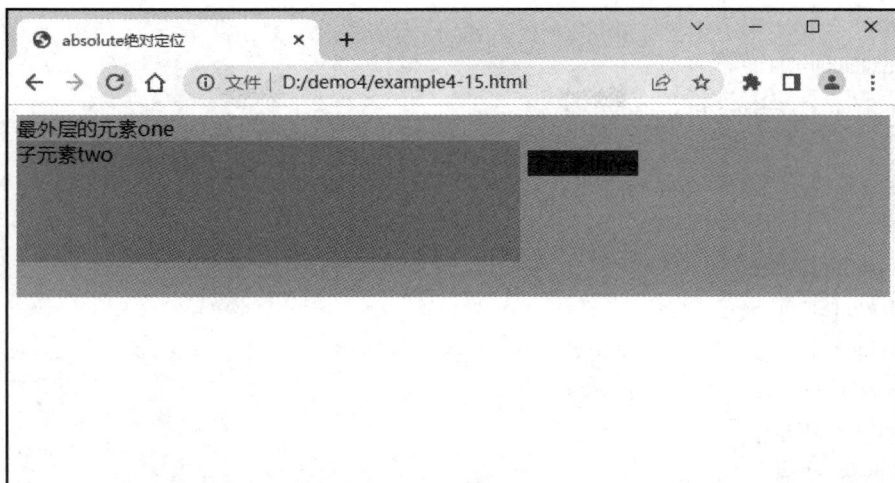

图 4-28　绝对定位元素参照父元素定位显示效果

　　此时，"最外层的元素 one"是离"子元素 three"最近的已经定位的父元素(祖先元素)，即"子元素 three"的定位是相对于"最外层的元素 one"这个元素的，即"子元素 three"右边界与"最外层的元素 one"的右边界的距离为 200 px，"子元素 three"的下边界与"最外层的元素 one"的下边界的距离为 100 px，边偏移量如图 4-29 所示。

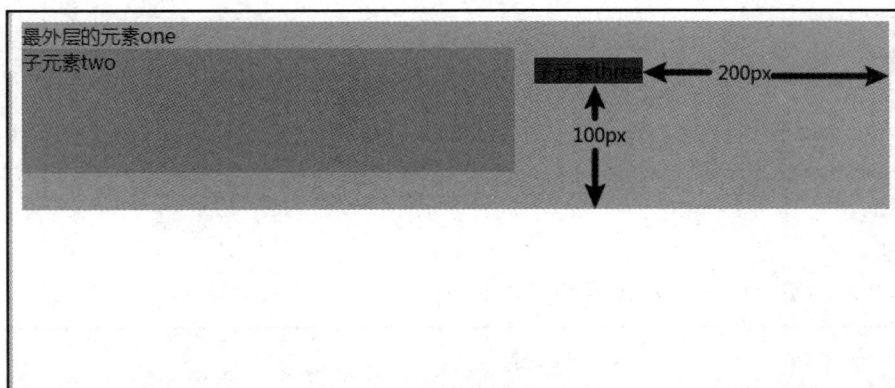

图 4-29　绝对定位元素参照父元素定位的边偏移量

11.2.3　固定定位

　　当 position 属性值设置为 fixed 时，可以将元素的定位模式设置为固定定位。固定定位是绝对定位的一种特殊形式，它以浏览器窗口作为参照物来定义网页元素。固定定位元素是相对于视口定位的，这意味着即使滚动网页，它也始终位于同一位置。

　　固定定位元素与绝对定位元素一样，会脱离原来的标准流。低版本的 IE 浏览器不支持固定定位。

　　案例 example4-16.html 演示了固定定位的使用，主体代码如下：

```
<!DOCTYPE html>
<html>
```

```
<head>
<meta charset="UTF-8">
<title>fixed 固定定位</title>
<style>
.return_top
{
    position:fixed;
    bottom:120px;
    right:100px;
    width: 100px;
    height: 100px;
    background: #ddd;
}
.p1{
    background: linear-gradient(#f00,#0f0); /* 设置渐变背景颜色 */
    height: 3000px; /* 为了浏览器显示时有滚动条 */
}
</style>
</head>
<body>
    <div class="return_top">回到顶部</div>
    <p class="p1">Some text</p>
</body>
</html>
```

该案例在浏览器中的显示效果如图 4-30 所示。

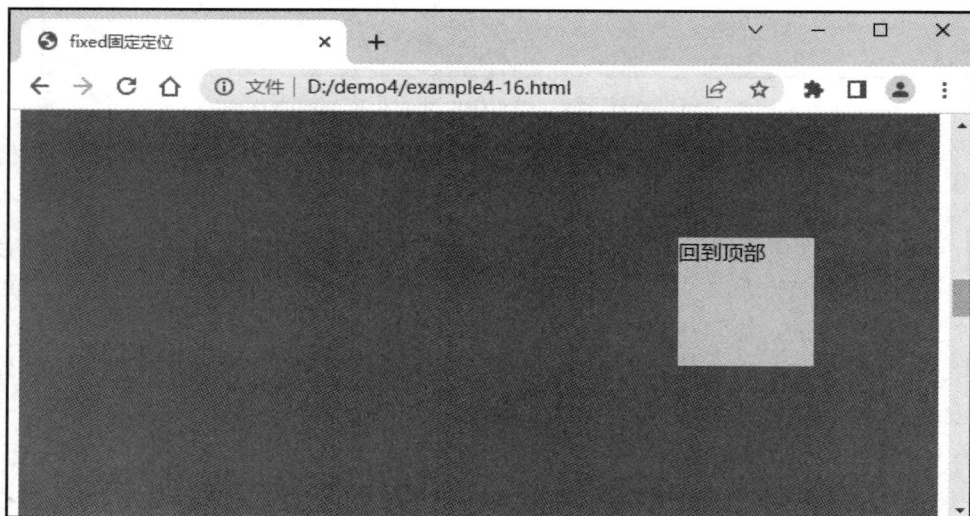

图 4-30　固定定位的显示效果

在本例中，不管网页向上滚动还是向下滚动，"回到顶部"这个元素的位置都不会发生任何改变。

11.2.4　黏性定位

当 position 属性值设置为 sticky 时，可以将元素的定位模式设置为黏性定位。黏性定位可以被认为是相对定位和固定定位的混合。元素会根据用户的滚动位置进行定位，它开始会被相对定位，直到在视口中遇到给定的偏移位置为止，然后将其固定(粘贴)在指定的目标位置，也就是表现为在跨越特定偏移值前为相对定位，之后为固定定位。用户如果使用 top、right、bottom、left 属性之一来设置偏移量，黏性定位就会生效，否则定位效果与相对定位相同。

应注意的是，Edge 15 及更早版本的 IE 浏览器不支持黏性定位。

案例 example4-17.html 演示了黏性定位的使用，主体代码如下：

```html
<!DOCTYPE html>
<html>
<head>
<meta charset="UTF-8">
<title>sticky 黏性定位</title>
<style>
    .sticky {
        position: sticky;
        top: 0;
        padding: 5px;
        background-color: #cae8ca;
        border: 2px solid #4CAF50;
    }
    .scroll{
        height: 3000px;
        background: linear-gradient(#fa0,#ddd);
    }
</style>
</head>
<body>
    <p>尝试滚动页面。</p>
    <p>注意: IE/Edge 15 及更早 IE 版本不支持 sticky 属性。</p>
    <div class="sticky">这是黏性定位元素</div>
    <div class="scroll">
        <p>来回滚动查看效果</p>
        <p>来回滚动查看效果</p>
        <p>来回滚动查看效果</p>
```

```
        </div>
    </body>
    </html>
```

该案例在浏览器中的显示效果如图 4-31 和图 4-32 所示。

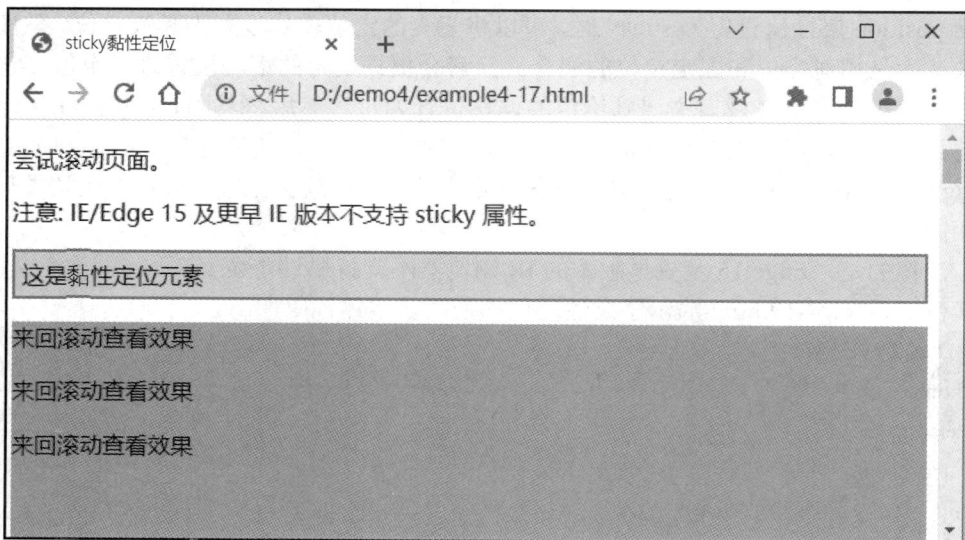

图 4-31　网页滚动前的显示效果

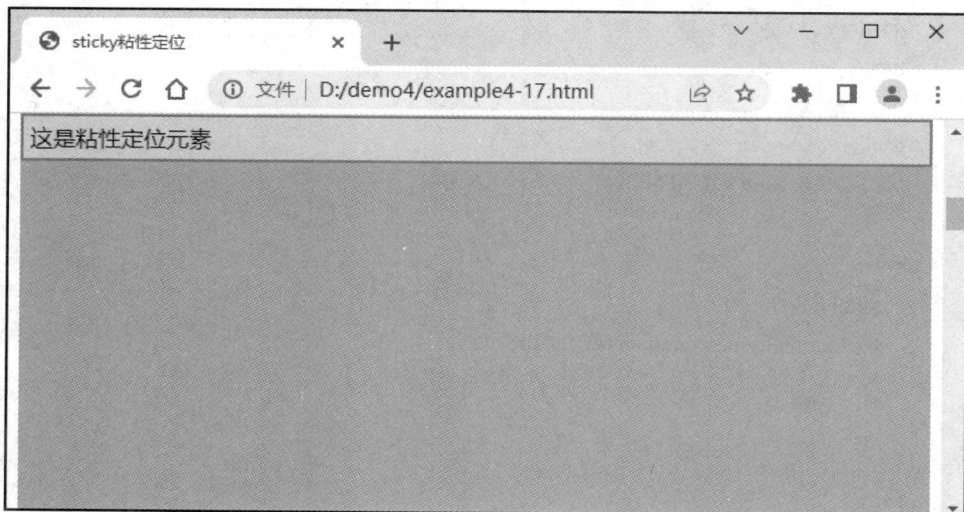

图 4-32　网页滚动后的显示效果

11.2.5　定位元素的堆叠

当对多个元素同时设置定位时，定位元素之间可能会发生重叠。在 CSS 中，要想调整重叠定位元素的堆叠顺序，可以对定位元素应用 z-index 层叠等级属性，其属性值不带单位，默认值为 0。一个元素可以有正数或负数的堆叠顺序，具有更高堆叠顺序的元素总是在具

有较低的堆叠顺序元素的前面。如果两个定位的元素重叠而未设置 z-index 属性，则位于
HTML 代码中最后的元素将显示在顶部。

案例 example4-18.html 演示了元素堆叠顺序的调整，主体代码如下：

```html
<!DOCTYPE html>
<html>
<head>
<meta charset="UTF-8">
<title>元素的堆叠</title>
<style>
    img
    {
        position:absolute;
        left:0px;
        top:0px;
        z-index:-1;
    }
    div,p{
        font: italic bold 36px "隶书";
    }
</style>
</head>

    <body>
        <div>元素堆叠</div>
        <img src="img/tu.jpg" />
        <p>设置定位元素的 z-index 属性值改变元素的堆叠顺序</p>
    </body>
</html>
```

该案例在浏览器中的显示效果如图 4-33 所示。

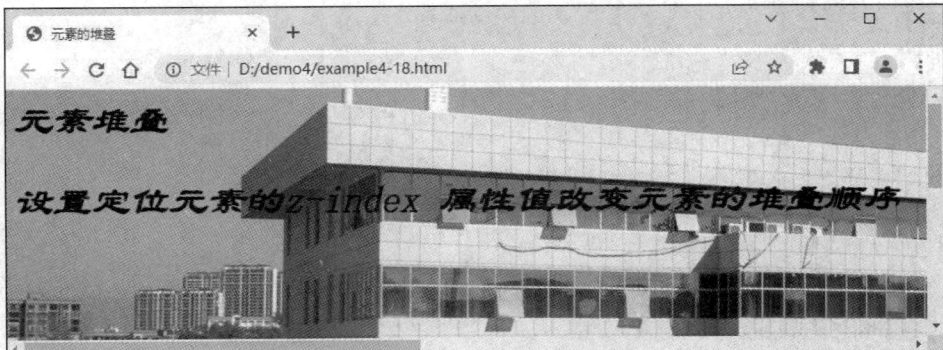

图 4-33 元素堆叠显示效果

本例中，因为设置了图片元素的 z-index 属性值为 −1，所以它会显示在文本之下。

11.3 任务实现

1. 构建 HTML 结构

banner 板块的 HTML 结构主要分为三部分，分别是中间的 banner 轮播图，左右两侧的控制按钮，还有 banner 底部的指针按钮。启动 Sublime Text，打开首页文件 index.html，在页头板块与导航栏板块中间输入 banner 板块相关的元素内容，主体代码如下：

```html
<!-- banner -->
<div class="banner">
    <!-- banner 的大图 -->
    <div class="banner_img">
        <img src="images/banner.jpg" alt="">
    </div>
    <!--底部的指针-->
    <ul class="slide">
        <li></li>
        <li></li>
        <li class="now"></li>
        <li></li>
    </ul>
    <!--左右箭头-->
    <div class="pre"><a href="#">&lt;</a></div>
    <div class="next"><a href="#">&gt;</a></div>
</div>
```

2. 构建 CSS 样式

样式写在 css.css 文件中，主体代码如下：

```css
/* banner CSS 样式*/
.banner {
    position: relative;
}
.banner_img img{
    display:block;
}
.slide {
    position: absolute;
    bottom: 10px;
```

```
            left: 50%;
            margin-left: -160px;
    }
    .slide li {
            width: 10px;
            height: 10px;
            border-radius:10px;
            background: #fff;
            opacity: 0.5;
            float: left;
            margin-left: 14px;
            cursor: pointer;
    }
    .slide li:hover,
    .slide .now {
            background: #fff;
            opacity: 1;
    }
    .pre a,.next a{
            color:#fff;
    }
    .pre:hover,.next:hover{
            background: #fff;
    }
    .pre:hover a,.next:hover a{
            color:#c80000;
    }
    .pre,.next {
            position: absolute;
            font-size: 36px;
            font-weight: bold;
            width: 30px;
            height: 60px;
            text-align: center;
            line-height: 60px;
            background:#ccc;
            opacity:0.5;
            top: 50%;
            margin-top: -30px;
```

```
}
.pre {
    left: 60px;
}
.next {
    right: 60px;
}
```

保存相关代码后，在浏览器中的显示效果如图 4-23 所示。至此，任务 11 全部完成。

任务 12　首页其他板块的设计与制作

知识目标

(1) 掌握 flex 弹性布局的各种属性及使用方法。
(2) 熟悉网格模型。
(3) 掌握 CSS 变形、过渡、动画的用法。

能力目标

(1) 能够使用 flex 技术布局网页。
(2) 能够根据网页的实际需要灵活运用各种布局技术。
(3) 能够利用 CSS 实现网页中的常用动态效果。

素质目标

(1) 掌握并遵循 Web 开发标准，培养严谨的工作作风。
(2) 培养良好的自主学习和思考习惯。
(3) 加强实践教育，提升实践能力。

任务描述

本任务需要制作"学习党的二十大精神专题网"首页的其他板块，包括"学习资料""学习光影""学习研讨""学习动态"和页脚这几个板块。其中，"学习资料"板块使用浮动布局，"学习光影""学习研讨""学习动态"板块使用弹性布局，页脚板块使用基本的标准流布局，这些都是网站开发的基本技能。"学习光影"板块还使用了变形、过渡、动画这三种特效，使网页更加炫酷，鼠标指针移到图片上，图片会缓慢变大，鼠标指针离开图片后，图片会缩回原来的大小。本任务通过制作首页其他板块，帮助读者利用前面所学的各种网页制作技术，完成整个首页的制作。任务 12 完成效果如图 4-34 所示。

图 4-34 首页其他板块完成效果

12.1 弹 性 布 局

12.1.1 弹性布局的基本概念

网页常见的布局方案是基于盒模型的,依赖 display 属性 + position 属性 + float 属性完成。这种方案对于制作特殊布局不太方便,如垂直居中就不容易实现。弹性布局又称为 flex 布局,是 CSS3 的一种新的布局模式,是一种当网页需要适应不同的屏幕大小以及设备类型时,确保元素拥有恰当的行为的布局方式。引入弹性布局的目的是提供一种更加有效的方式,来对一个容器中的子元素进行排列、对齐,并分配空白空间。弹性布局有以下几个重要的概念。

1. 容器和项目

(1) 容器:需要添加弹性布局的父元素称为容器。

(2) 项目:弹性布局容器中的每个子元素称为项目。

2. 主轴和交叉轴

(1) 主轴:在弹性布局中,通过属性规定水平或垂直方向为主轴。

(2) 交叉轴：与主轴垂直的轴称为交叉轴。

12.1.2　弹性布局的使用

弹性布局使用起来比较简单，在使用时需要注意以下两点。

(1) 给容器添加 display：flex/inline-flex 属性，就可使容器中的项目采用弹性布局显示，而不必遵循常规标准文档流的显示方式，容器本身在文档流中的定位方式依然遵循常规标准文档流的显示方式。

(2) 将容器设置为弹性布局后，项目的 float、clear、vertical-align 属性将失效，但 position 属性依然有效。

案例 example4-19.html 演示了弹性布局的使用，主体代码如下：

```
<!DOCTYPE html>
<html lang="en">
<head>
<meta charset="UTF-8"/>
<title>弹性布局的使用</title>
<style>
    .flex-container {
        display: flex;
        background-color: #1e90ff;
    }
    .flex-container > div {
        background-color: #f1f1f1;
        margin: 10px;
        padding: 20px;
        font-size: 30px;
    }
</style>
</head>
<body>
    <div class="flex-container">
        <div>1</div>
        <div>2</div>
        <div>3</div>
    </div>
</body>
</html>
```

以上代码中，类名为 flex-container 的 div 元素的 display 属性被设置为 flex，成为弹性容器，其中的直接子元素自动成为弹性项目。该案例在浏览器中的显示效果如图 4-35 所示。

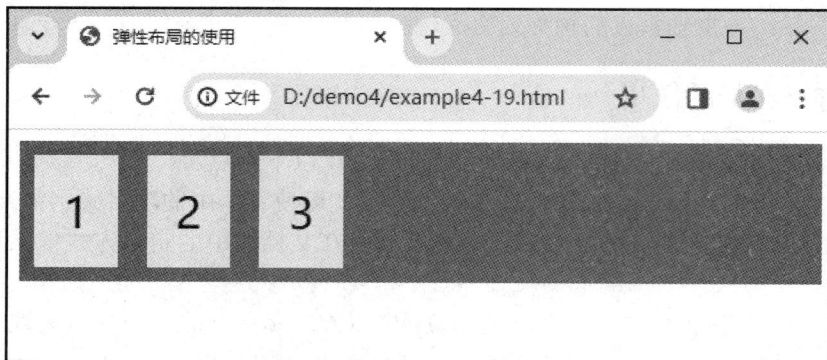

图 4-35　弹性布局的显示效果

3. 主轴和交叉轴

主轴由弹性盒子的 flex-direction 属性定义，交叉轴是垂直于主轴的轴。弹性容器的特性是沿着主轴或交叉轴对齐其中的弹性项目。

12.1.3　弹性布局的属性

弹性布局有十二个属性，根据作用范围的不同，可以分为容器属性和项目属性两类。

1. 容器属性

1) flex-direction 属性

flex-direction 属性定义容器要在哪个方向上堆叠项目，它用来定义主轴，可以取四个属性值，具体含义如表 4-8 所示。

表 4-8　flex-direction 属性值

属性值	含　义
row	默认值。设置横向从左到右排列(左对齐)。水平方向为主轴，垂直方向为交叉轴，弹性项目从左到右水平方向顺序排列。主轴的起始线是弹性容器的左边，终止线是弹性容器的右边
row-reverse	反转横向排列(右对齐)，从后往前排列，最后一项排在最前面。水平方向为主轴，垂直方向为交叉轴，弹性项目从右到左水平方向逆序排列。主轴的起始线是弹性容器的右边，终止线是弹性容器的左边
column	纵向排列。垂直方向为主轴，水平方向为交叉轴，弹性项目从上到下垂直方向顺序排列。主轴的起始线是弹性容器的上边，终止线是弹性容器的下边
column-reverse	反转纵向排列，从后往前排列，最后一项排在最上面。垂直方向为主轴，水平方向为交叉轴，弹性项目从下到上垂直方向逆序排列。主轴的起始线是弹性容器的下边，终止线是弹性容器的上边

案例 example4-20.html 演示了用 flex-direction 属性设置弹性项目的顺序，主体代码如下：

```
<!DOCTYPE html>
<html lang="en">
<head>
```

```
<meta charset="UTF-8"/>
<title>flex-direction 属性的使用</title>
<style>
    .flex-container {
        display: flex;
        flex-direction: column;
        background-color: #1e90ff;
    }
    .flex-container > div {
        background-color: #f1f1f1;
        margin: 10px;
        padding: 20px;
        font-size: 30px;
    }
</style>
</head>
<body>
    <div class="flex-container">
        <div>1</div>
        <div>2</div>
        <div>3</div>
    </div>
</body>
</html>
```

该案例在浏览器中的显示效果如图 4-36 所示。

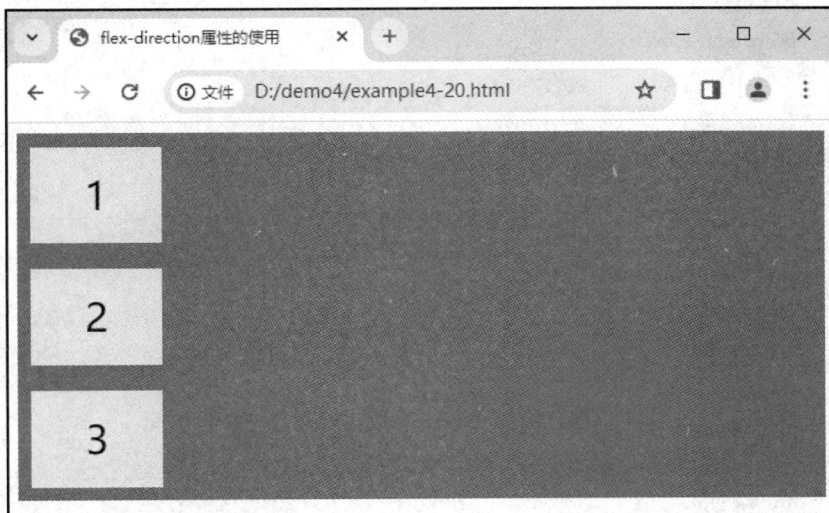

图 4-36　flex-direction 属性的显示效果

2) flex-wrap 属性

flex-wrap 属性用于指定弹性容器的项目换行方式，常用属性值如表 4-9 所示。

表 4-9　flex-wrap 属性值

属性值	含　义
nowrap	默认值，弹性容器为单行。该情况下弹性项目可能会溢出容器
wrap	弹性容器为多行。该情况下弹性项目溢出的部分会被放置到新行，项目内部会发生断行
wrap-reverse	反转 wrap 排列

案例 example4-21.html 展示了 flex-wrap 属性的使用，主体代码如下：

```
<!DOCTYPE html>
<html lang="en">
<head>
    <meta charset="UTF-8" />
    <title>flex-wrap 属性的使用</title>
    <style type="text/css" media="screen">
    .flex-container {
        display: flex;
        flex-wrap: wrap;
        background-color: #1e90ff;
    }
    .flex-container > div {
        background-color: #f1f1f1;
        width: 100px;
        margin: 10px;
        text-align: center;
        line-height: 75px;
        font-size: 30px;
    }
    </style>
</head>
<body>
    <div class="flex-container">
        <div>1</div>
        <div>2</div>
        <div>3</div>
        <div>4</div>
        <div>5</div>
        <div>6</div>
        <div>7</div>
```

```
            <div>8</div>
            <div>9</div>
            <div>10</div>
            <div>11</div>
            <div>12</div>
        </div>
    </body>
</html>
```

该案例在浏览器中的显示效果如图 4-37 所示。

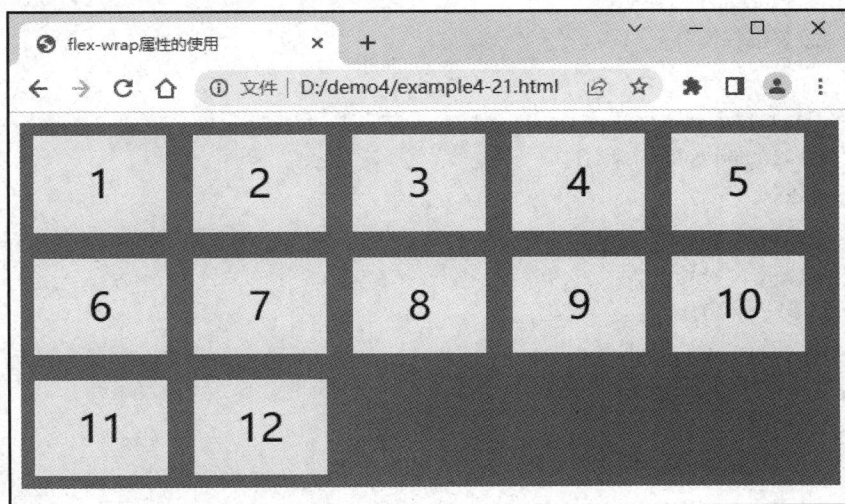

图 4-37 flex-wrap 属性的显示效果

3) flex-flow *属性*

flex-flow 是复合属性，是 flex-direction 和 flex-wrap 属性的缩写。

4) justify-content *属性*

justify-content 属性定义了弹性项目在主轴方向的对齐方式，其属性值如表 4-10 所示。

表 4-10 justify-content 属性值

属性值	含　义
flex-start	弹性项目紧靠主轴起点
flex-end	弹性项目紧靠主轴终点
center	弹性项目向主轴中点对齐
space-between	第一个弹性项目靠起点，最后一个弹性项目靠终点，余下弹性项目平均分配间隔空间，弹性项目会平均地分布在主轴里
space-around	每个弹性项目两侧的间隔相等，弹性项目之间的间隔比弹性项目与弹性盒子的边距的间隔大一倍
space-evenly	元素间距离平均分配

案例 example4-22.html 展示了 justify-content 属性的使用，主体代码如下：

```html
<!DOCTYPE html>
<html lang="en">
<head>
    <meta charset="UTF-8" />
    <title>justify-content 属性的使用</title>
    <style type="text/css">
    .flex-container {
        display: flex;
        justify-content: center;
        background-color: #1e90ff;
        }
        .flex-container > div {
        background-color: #f1f1f1;
        width: 100px;
        margin: 10px;
        text-align: center;
        line-height: 75px;
        font-size: 30px;
    }
    </style>
</head>
<body>
    <div class="flex-container">
        <div>1</div>
        <div>2</div>
        <div>3</div>
    </div>
</body>
</html>
```

该案例在浏览器中的显示效果如图 4-38 所示。

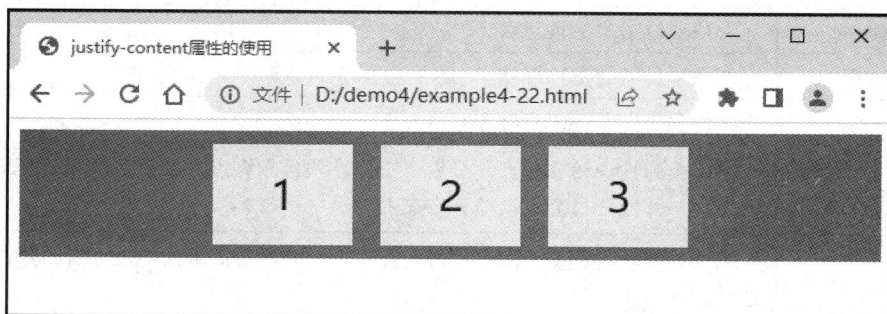

图 4-38　justify-content 属性的显示效果

5) align-items 属性

align-items 属性用于设置弹性项目在交叉轴方向上的排列，其属性值如表 4-11 所示。

表 4-11　align-items 属性值

属性值	含　义
flex-start	弹性项目紧靠交叉轴的起点对齐，即弹性项目的侧轴(纵轴)起始位置的边界紧靠该行的侧轴起始边界
flex-end	弹性项目紧靠交叉轴的终点对齐，即弹性项目的侧轴(纵轴)起始位置的边界紧靠该行的侧轴结束边界
center	弹性项目向交叉轴的中点对齐，即弹性项目在该行的侧轴(纵轴)上居中放置。如果该行的尺寸小于弹性盒子元素的尺寸，则会向两个方向溢出相同的长度
stretch	默认值，如果弹性项目未设置高度或设置为 auto，弹性项目将被拉伸占满整个容器的高度，但同时会遵照 min/max-width/height 属性的限制

案例 example4-23.html 演示了 align-items 属性的使用，主体代码如下：

```
<!DOCTYPE html>
<html lang="en">
<head>
    <meta charset="UTF-8" />
    <title>align-items 属性的使用</title>
    <style type="text/css">
    .flex-container {
        display: flex;
        height: 200px;
        align-items: center;
        background-color: #1e90ff;
    }

    .flex-container > div {
        background-color: #f1f1f1;
        width: 100px;
        margin: 10px;
        text-align: center;
        line-height: 75px;
        font-size: 30px;
    }
    </style>
</head>
<body>
```

```
        <div class="flex-container">
            <div>1</div>
            <div>2</div>
            <div>3</div>
        </div>
    </body>
</html>
```

该案例在浏览器中的显示效果如图 4-39 所示。

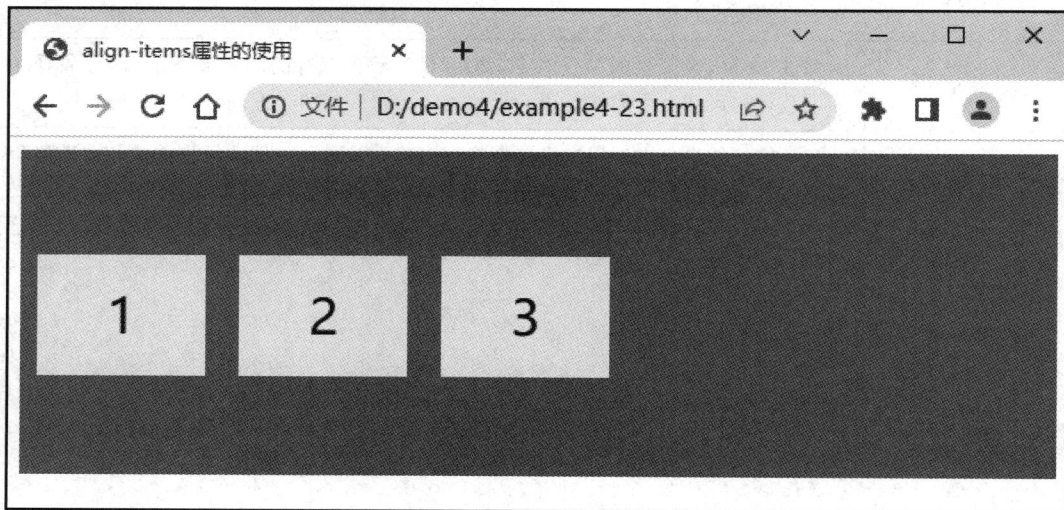

图 4-39　align-items 属性的显示效果

6) align-content 属性

align-content 属性定义了多根主轴的对齐方式。如果项目只有一根主轴,则该属性不起作用,其属性值如表 4-12 所示。

表 4-12　align-content 属性值

属性值	含　　义
stretch	默认值,将项目拉伸以占据剩余空间
flex-start	项目在容器的起点排列
flex-end	项目在容器的终点排列
center	项目在容器内居中排布
space-between	多行项目均匀分布在容器中,其中第一行分布在容器的起点,最后一行分布在容器的终点
space-around	多行项目均匀分布在容器中,并且每行的间距(包括离容器边缘的间距)都相等

案例 example4-24.html 演示了 align-content 属性的使用,主体代码如下:

```
<!DOCTYPE html>
<html lang="en">
```

```html
<head>
    <meta charset="UTF-8" />
    <title>align-content 属性的使用</title>
    <style type="text/css" media="screen">
    .flex-container {
        display: flex;
        height: 300px;
        flex-wrap: wrap;
        align-content: space-between;
        background-color: #1e90ff;
    }

    .flex-container > div {
        background-color: #f1f1f1;
        width: 100px;
        margin: 10px;
        text-align: center;
        line-height: 75px;
        font-size: 30px;
    }
    </style>
</head>
<body>
    <div class="flex-container">
        <div>1</div>
        <div>2</div>
        <div>3</div>
        <div>4</div>
        <div>5</div>
        <div>6</div>
        <div>7</div>
        <div>8</div>
        <div>9</div>
        <div>10</div>
        <div>11</div>
        <div>12</div>
    </div>
</body>
</html>
```

该案例在浏览器中的显示效果如图 4-40 所示。

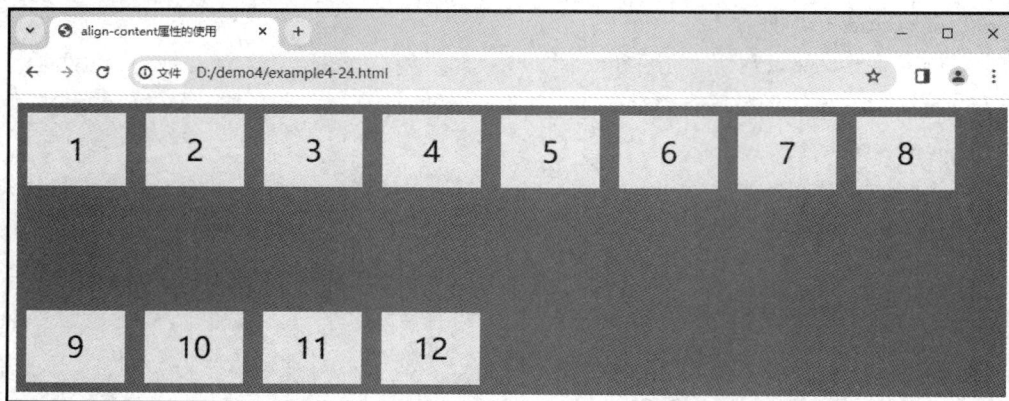

图 4-40 align-content 属性的显示效果

2. 项目属性

1) order 属性

order 属性用于控制弹性项目的排列顺序，其默认值为 0，数值越小，排列越靠前，可以为负数或整数。

案例 example4-25.html 演示了使用 order 属性设置弹性项目的顺序，主体代码如下：

```html
<!DOCTYPE html>
<html lang="en">
<head>
    <meta charset="UTF-8" />
    <title>order 属性的使用</title>
    <style type="text/css" media="screen">
     .flex-container {
       display: flex;
       align-items: stretch;
       background-color: #f1f1f1;
     }
    .flex-container>div {
       background-color: #1e90ff;
       color: white;
       width: 100px;
       margin: 10px;
       text-align: center;
       line-height: 75px;
       font-size: 30px;
     }
    </style>
```

```
    </head>
    <body>
        <div class="flex-container">
            <div style="order: 3">1</div>
            <div style="order: 2">2</div>
            <div style="order: 4">3</div>
            <div style="order: 1">4</div>
        </div>
    </body>
</html>
```

该案例在浏览器中的显示效果如图 4-41 所示。

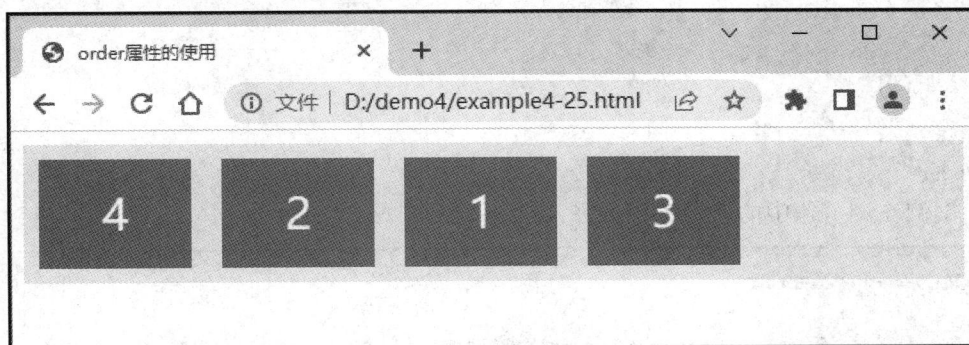

图 4-41　order 属性的显示效果

2) flew-grow 属性

flew-grow 属性用来设置某个项目相对于其他项目的增长量。flew-grow 属性默认值为 0，如果剩余空间不够，则不增长。

案例 example4-26.html 演示了 flew-grow 属性的使用，主体代码如下：

```
<!DOCTYPE html>
<html lang="en">
<head>
    <meta charset="UTF-8" />
    <title>flew-grow 属性的使用</title>
    <style type="text/css" media="screen">
    .flex-container {
        display: flex;
        align-items: stretch;
        background-color: #f1f1f1;
    }
    .flex-container > div {
        background-color: #1e90ff;
```

```
                color: white;
                margin: 10px;
                text-align: center;
                line-height: 75px;
                font-size: 30px;
            }
        </style>
    </head>
    <body>
        <div class="flex-container">
            <div style="flex-grow: 1">1</div>
            <div style="flex-grow: 1">2</div>
            <div style="flex-grow: 8">3</div>
        </div>
    </body>
</html>
```

该案例在浏览器中的显示效果如图 4-42 所示。

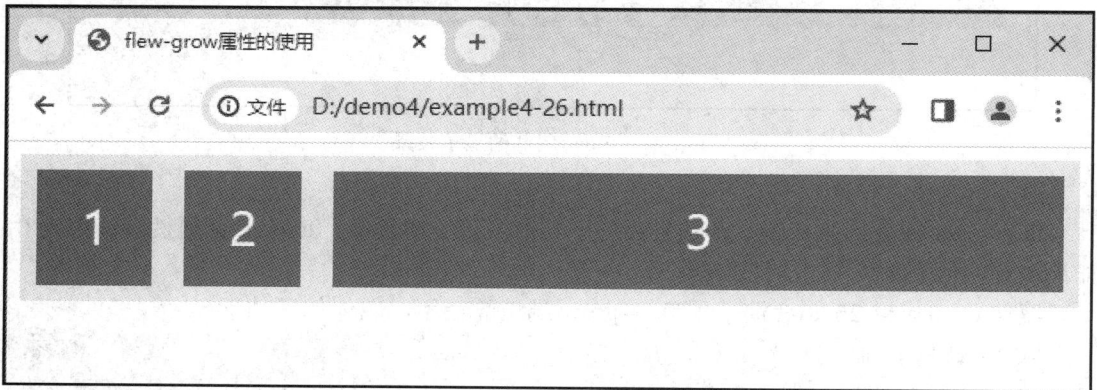

图 4-42　flex-grow 属性的显示效果

3) flew-shrink 属性

flew-shrink 属性的作用与 flex-grow 属性相反，用来设置某个项目相对于其他项目的收缩量，其默认值为 1。

4) flex-basis 属性

flex-basis 属性规定弹性项目占据的主轴空间。如果主轴为水平，设置这个属性相当于设置项目的宽度，原 width 属性将会失效。

案例 example4-27.html 演示了 flex-basis 属性的使用，主体代码如下：

```
<!DOCTYPE html>
<html lang="en">
<head>
```

```
        <meta charset="UTF-8" />
        <title>flex- basis 属性的使用</title>
        <style type="text/css" media="screen">
        .flex-container {
            display: flex;
            align-items: stretch;
            background-color: #f1f1f1;
        }

        .flex-container > div {
            background-color: #1e90ff;
            color: white;
            width: 100px;
            margin: 10px;
            text-align: center;
            line-height: 75px;
            font-size: 30px;
        }
        </style>
    </head>
    <body>
        <div class="flex-container">
            <div>1</div>
            <div>2</div>
            <div style="flex-basis:200px">3</div>
            <div>4</div>
        </div>
    </body>
</html>
```

该案例在浏览器中的显示效果如图 4-43 所示。

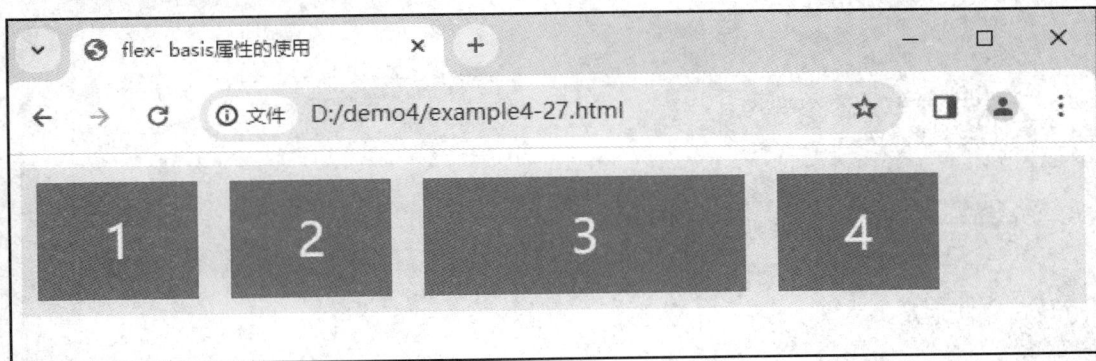

图 4-43　flex-basis 属性的显示效果

5）flex 属性

flex 属性是 flex-grow、flex-shrink 和 flex-basis 这三个属性的简写，其默认值为 0、1、auto。后两个属性是可选项。

6）align-self 属性

align-self 属性用于控制单个弹性项目在交叉轴上排列方式，而前面介绍的 align-items 属性用于控制弹性容器中所有弹性项目的排列。如果设置了项目的 align-self 属性，将会覆盖容器的 align-items 属性。

案例 example4-28.html 演示了 align-self 属性的使用，主体代码如下：

```
<!DOCTYPE html>
<html lang="en">
<head>
    <meta charset="UTF-8" />
    <title>align-self 属性的使用</title>
    <style type="text/css">
    .flex-container {
        display: flex;
        height: 200px;
        background-color: #f1f1f1;
    }
    .flex-container > div {
        background-color: #1e90ff;
        color: white;
        width: 100px;
        margin: 10px;
        text-align: center;
        line-height: 75px;
        font-size: 30px;
    }
    </style>
</head>
<body>
    <div class="flex-container">
        <div>1</div>
        <div>2</div>
        <div style="align-self: center">3</div>
        <div>4</div>
    </div>
</body>
</html>
```

该案例在浏览器中的显示效果如图 4-44 所示。

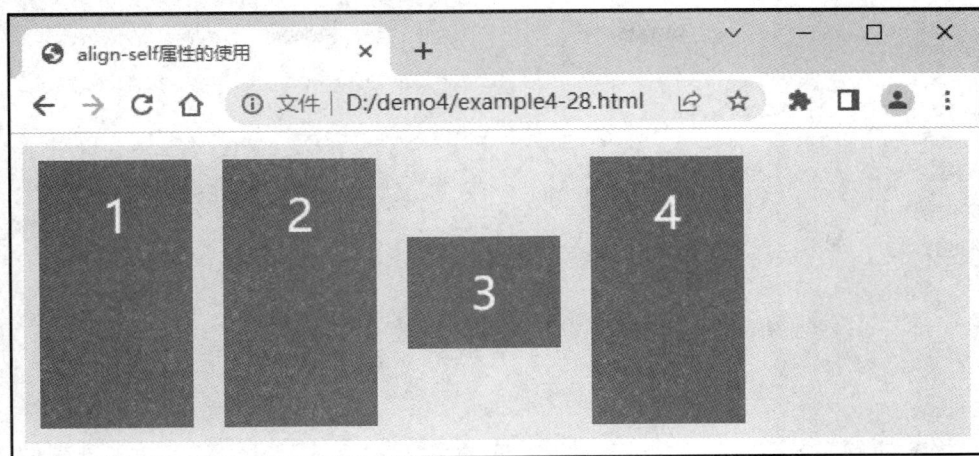

图 4-44   align-self 属性的显示效果

12.2   利用 CSS 实现动态效果

12.2.1   过渡

在 CSS 中，可以使用 transition 属性给元素添加从一种样式转变到另一种样式的过渡动画效果。通过 transition 属性，可以设置一个属性值在一定的时间区间内平滑地过渡到另一个属性值。这种效果可以在鼠标单击、获得焦点、被单击或对元素的任何改变中触发，并体现出圆滑的动画效果。

要实现这种过渡效果，必须规定以下两项内容：

(1) 指定要添加效果的 CSS 属性；

(2) 指定效果的持续时间。

案例 example4-29.html 演示了一个过渡效果的实现，主体代码如下：

```
<!DOCTYPE html>
<html lang="en">
<head>
<meta charset="UTF-8"/>
<title> transition 属性的使用</title>
<style>
div{
    width: 100px;
    height: 100px;
    background: #fa0;
```

```
        transition: width 2s;     /*宽度属性上有两秒的过渡动画，从 100px 过渡到 300px*/
    }
    div:hover{
        width: 300px;
    }
    </style>
    </head>
    <body>
        <body>
            <div>鼠标指针移动到 div 元素上，查看过渡效果。</div>
        </body>
    </body>
    </html>
```

该案例在浏览器中的显示效果如图 4-45 和图 4-46 所示。

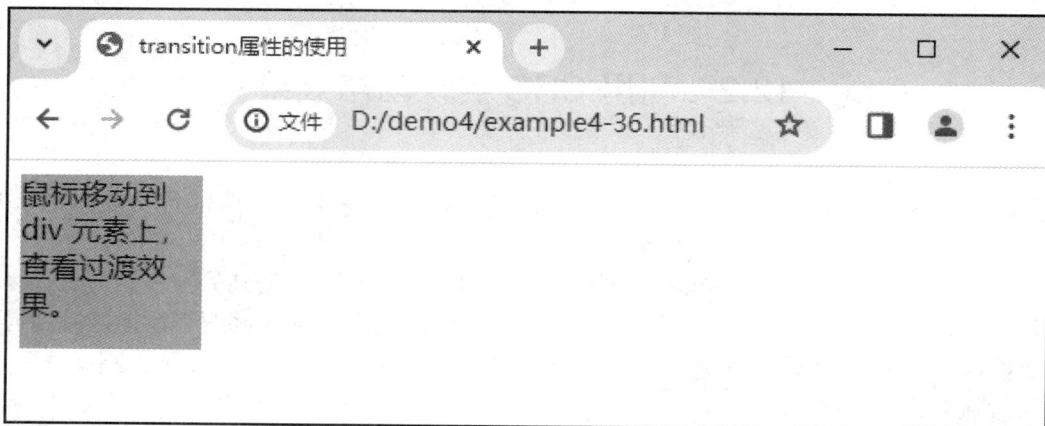

图 4-45　过渡动画开始前的状态

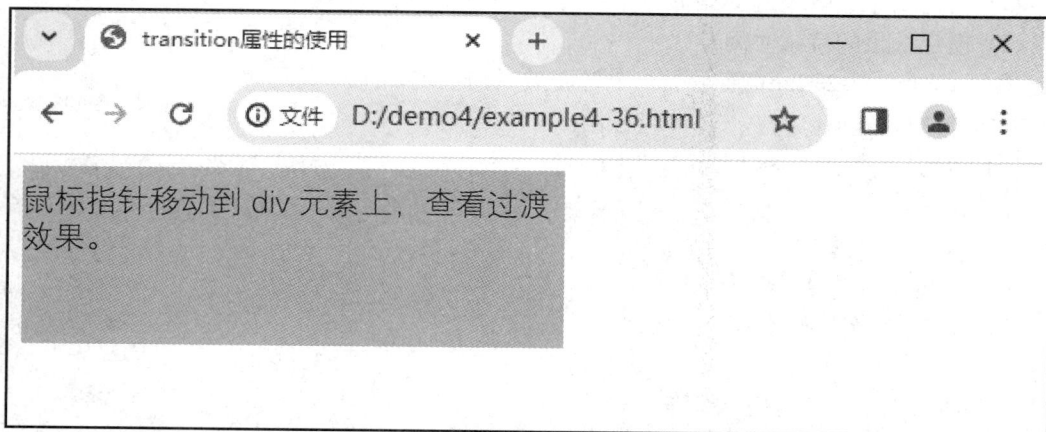

图 4-46　过渡动画完成后的状态

CSS 中实现过渡效果的属性如表 4-13 所示。

表 4-13   CSS 中实现过渡效果的属性

属　性	含　义
transition-property	规定应用过渡的 CSS 属性的名称
transition-duration	定义过渡效果所用的时间，默认值是 0
transition-timing-function	规定过渡效果的时间曲线，默认值是 ease
transition-delay	规定过渡效果何时开始，默认值是 0
transition	简写属性，用于在一个属性中设置四个过渡属性

下面分别介绍这五个属性。

1) transition-property 属性

transition-property 属性用来定义哪些属性需要使用平滑过渡效果，其语法格式如下：

transition-property : none | all | property;

其中，none 表示没有属性会获得过渡效果；all 为默认值，表示所有属性都将获得过渡效果；property 表示定义应用过渡效果的 CSS 属性名称；多个属性名之间以逗号分隔。

例如：

transition-property:background-color, width;

2) transition-duration 属性

transition-duration 属性用来定义过渡效果所用的时间，默认值为 0，常用单位是秒(s)或者毫秒(ms)，其语法格式如下：

transition-duration:数值 s/ms ;

属性值为 0 时，没有过渡效果。

3) transition-timing-function 属性

transition-timing-function 属性规定过渡效果的速度曲线，可以根据时间的推进去改变属性值的变换速率。该属性有六个属性值，如表 4-14 所示。

表 4-14   transition-timing-function 属性值

属性值	含　义
linear	指定以相同速度(匀速)开始至结束的过渡效果
ease	默认值，指定以慢速开始，然后变快，最后慢慢结束的过渡效果
ease-in	指定以慢速开始，然后逐渐加快的过渡效果
ease-out	指定以慢速结束的过渡效果
ease-in-out	指定以慢速开始和结束的过渡效果
cubic-bezier(n,n,n,n)	定义用于加速或者减速的贝塞尔曲线的形状，取值范围是 0~1

4) transition-delay 属性

transition-delay 属性用来定义过渡效果延迟触发的时间，默认值为 0，属性值常用单位是秒(s)或者毫秒(ms)，其语法格式如下：

```
transition-delay:数值 s/ms ;
```

transition-delay 属性值可以为正整数、负整数或 0。当其设置为负数时，过渡动画会从该时间点开始，之前的过渡动画被截断；当其设置为正数时，过渡动画会被延迟触发。

5) transition 属性

transition 属性是一个复合属性，用于在一个属性中设置 transition-property、transition-duration、transition-timing-function、transition-delay 这四个过渡属性，其语法格式如下：

```
transition:transition-property transition-duration transition-timing-function transition-delay ;
```

在使用 transition 属性设置过渡动画时，它的各个属性必须按照顺序进行定义，不能颠倒。无论是单个属性还是简写属性，使用时都可以实现多个过渡效果。

例如：

```
transition: width 2s;
```

等价于：

```
transition: width 2s ease 0s;,
```

也等价于下面的代码段：

```
transition-property: width;

transition-duration: 2s;

transition-timing-function: ease;

transition-delay: 0s;
```

使用 transition 属性设置过渡动画时，可以添加多个样式的变换效果，添加的属性用逗号分隔，例如：

```
transition: width 2s, height 2s;
```

以上代码设置了宽度和高度两个属性上的过渡动画。

12.2.2 变形

在 CSS 中，可以利用 transform 属性来实现元素的旋转、缩放、倾斜、移动等变形效果。变形效果由变形函数完成，变形函数用来操控元素发生旋转、缩放、倾斜、移动等变化。transform 属性的语法格式如下：

```
transform: none | transform-function;
```

其属性值如表 4-15 所示。

表 4-15 transform 属性值

属性值	含　义
none	默认值，表示不进行变形
transform-function	用于设置变形函数，可以是一个或多个变形函数列表

1. 2D 变形

2D 变形是指某个元素围绕其 x 轴和 y 轴进行变形。常用的 2D 变形函数如表 4-16 所示。

表 4-16　常用的 2D 变形函数

变形类型	2D 变形函数	含　义
旋转元素	rotate(angel)	angel 是度数值，代表旋转角度
缩放元素	scale(x, y)	改变元素的高度和宽度。x、y 的值代表缩放比例，取值包括正数、负数和小数
	scaleX(x)	改变元素的宽度
	scaleY(y)	改变元素的高度
倾斜元素	skew (x-angel, y-angel)	angel 是度数值，代表倾斜角度
	skewX(angel)	沿着 x 轴倾斜元素
	skewY(angel)	沿着 y 轴倾斜元素
移动元素	translate (x, y)	基于 x 轴和 y 轴坐标重新定位元素
	translateX(x)	沿着 x 轴移动元素，即左右方向
	translateY(y)	沿着 y 轴移动元素，即上下方向

2. 3D 变形

3D 变形是指某个元素围绕其 x 轴、y 轴、z 轴进行变形。常用的 3D 变形函数如表 4-17 所示。

表 4-17　常用的 3D 变形函数

变形类型	3D 变形函数	含　义
3D 旋转	rotate3d(x,y,z,angel)	前三个值用于判断需要旋转的坐标轴，旋转轴的值设置为 1，否则为 0，angel 代表旋转角度
	rotateX(angel)	沿着 x 轴 3D 旋转
	rotateY(angel)	沿着 y 轴 3D 旋转
	rotateZ(angel)	沿着 z 轴 3D 旋转
3D 缩放元素	scale3d(x,y,z)	x、y、z 是缩放比例，取值包括正数、负数和小数
	scaleX(x)	沿着 x 轴缩放
	scaleY(y)	沿着 y 轴缩放
	scaleZ(z)	沿着 z 轴缩放
3D 倾斜元素	skew(x-angel, y-angel)	angel 是度数值，代表倾斜角度
	skewX(angel)	沿着 x 轴倾斜元素
	skewY(angel)	沿着 y 轴倾斜元素
3D 移动元素	translate3d(x,y,z)	基于 x 轴、y 轴和 z 轴坐标重新定位元素
	translateX(x)	沿着 x 轴移动元素，即左右方向
	translateY(y)	沿着 y 轴移动元素，即左右方向
	translateZ(z)	沿着 z 轴移动元素
3D 透视图	perspective(n)	n 是透视深度的数值

3. 元素变形基准点

变形默认都是以元素的中心点为基准点进行的，如果需要改变这个基准点，可以使用 transform-origin 属性，其语法格式如下：

```
transform-origin：x y z;
```

x、y、z 分别是 x 轴、y 轴和 z 轴的偏移量，偏移量的取值可以是具体数据、百分比，也可以是方向位置名词。transform-origin 属性值(偏移量)如表 4-18 所示。

表 4-18　transform-origin 属性值(偏移量)

偏移量	含　义
x 轴偏移量	方向位置名词有：left、center、right； 具体数值，如 20 px 百分比，如 10%
y 轴偏移量	方向位置名词有：top、center、bottom； 具体数值，如 20 px 百分比，如 10%
z 轴偏移量	具体数值，如 20 px

12.2.3　动画

动画是使元素从一种样式逐渐变化为另一种样式的效果。CSS 中主要运用@keyframes 属性和 animation 相关属性来实现动画效果。@keyframes 属性用来定义动画；animation 相关属性用来将定义好的动画绑定到特定元素，并定义动画时长、重复次数等。

1. 用@keyframes 属性定义动画关键帧状态

@keyframes 属性用来定义动画关键帧的状态，其语法格式如下：

```
@keyframes animationname {
    keyframes-selector{CSS-styles;}
}
```

其中，animationname 定义动画的名称，其值是一个自定义标识符，例如 colorchange。keyframes-selector 是关键帧选择器，其值通常是一个百分比，指定当前关键帧在整个动画过程中的位置，0%表示动画的开始，100%表示动画的结束，还可以使用 from 或者 to 表示，from 表示动画的开始，相当于 0%，to 表示动画的结束相当于 100%。CSS-styles 表示执行到当前关键帧时对应的动画状态，其值是一个样式表。

每个关键帧表示动画过程中的一个状态，动画有多个关键帧。

2. 动画的调用

当使用@keyframes 属性创建动画时，需把它捆绑到某个选择器上，否则不会产生动画效果。CSS 通过 animation 相关属性调用动画，animation 相关属性如表 4-19 所示。

表 4-19　animation 相关属性

属　性	含　义
animation-name	规定@keyframes 动画的名称
animation-duration	规定动画完成一个周期所用的时间，默认值是 0
animation-timing-function	规定动画的速度曲线，默认值是 ease
animation-fill-mode	规定当动画不播放时(当动画完成时，或当动画有一个延迟未开始播放时)，要应用到元素的样式
animation-delay	规定动画何时开始，默认值是 0
animation-iteration-count	规定动画被播放的次数，默认值是 1
animation-direction	规定动画是否在下一周期逆向播放，默认值是 normal
animation-play-state	规定动画是否正在运行或暂停，默认值是 running
animation	所有动画属性的简写属性

1) animation-name 属性

animation-name 属性用于定义要应用的动画名称，为@keyframes 动画规定名称，其语法格式如下：

```
animation-name: keyframename| none;
```

其中，keyframename 规定需要绑定到选择器的@keyframes 定义的动画名称，如果该值为 none，则表示不应用任何动画，通常用于覆盖或者取消动画。

2) animation-duration 属性

anmnon-duraton 属性用于定义整个动画效果完成所需要的时间，其语法格式如下：

```
animation-duration: 数值;
```

数值是以秒(s)或者毫秒(ms)为单位的，默认值为 0，表示没有任何动画效果。当值为负数时，也被视为 0。

3) animation-timing-function 属性

animation-timing-function 属性用于规定动画的速度曲线，定义使用哪种方式来执行动画效果，其语法格式如下：

```
animation-timing-function:属性值;
```

animation-timing-function 属性值如表 4-20 所示。

表 4-20　animation-timing-function 属性值

属性值	含　义
linear	动画从头到尾的速度是相同的
ease	默认值，动画以慢速开始，然后加快，在结束前变慢
ease-in	动画以慢速开始
ease-out	动画以慢速结束
ease-in-out	动画以慢速开始和结束

4) animation-fill-mode 属性

animation-fill-mode 属性用于设置动画播放时间之外的效果，即动画开始或动画结束时的状态，其语法格式如下：

animation-fill-mode:none| backwards |forwards |both;

animation-fill-mode 属性值如表 4-21 所示。

表 4-21 animation-fill-mode 属性值

属性值	含　义
none	默认开始保持原来的样式，结束保持原来的样式
backwards	开始前处于第一帧的样式，结束默认保持原来的样式
forwards	开始前默认保持原来的样式，结束保持最后一帧的样式
both	开始保持第一帧的样式，结束保持最后一帧的样式

5) animation-delay 属性

animation-delay 属性用于定义动画什么时候开始，其语法格式如下：

animation-delay:数值;

其中，数值是动画开始前等待的时长，其单位是秒(s)或者毫秒(ms)，默认值为 0。

6) animation-iteration-count 属性

animation-iteration-count 属性用于定义动画的播放次数，其语法格式如下：

animation-iteration-count: 数值| infinite;

其中，数值是播放动画的次数，初始值为 1；如果值是 infinite，则动画循环播放。

7) animation-direction 属性

animation-direction 属性定义动画播放完成后是否逆向交替循环，其语法格式如下：

animation-direction: normal| alternate;

其中，normal 为默认值，表示动画每次都会正常显示；alternate 表示动画播放完成后会逆向交替循环，即动画会在奇数次数正常播放，而在偶数次数逆向播放。

8) animation-play-state 属性

animation-play-state 属性用于规定动画是否正在运行或暂停，其语法格式如下：

animation-play-state: running | paused;

其中，属性值 paused 设置动画已暂停；running 是默认值，规定动画正在播放。

9) animation 属性

animation 属性是一个复合属性，其语法格式如下：

animation:animation-name animation-duration animation-timing-function animation-delay animation- iteration-count animation-direction;

其中，使用 animation 属性时必须指定 animation-name 和 animation-duration 属性，如果持续的时间为 0，则不会播放动画；其他属性如果没有设置，可以省略。

除了 animation-play-state 属性，所有的动画属性都可以使用 animation 简写属性。

案例 example4-30.html 演示了 animation 动画的实现，主体代码如下：

```
<!DOCTYPE html>
<html>
    <head>
        <meta charset="UTF-8">
        <title>animation 动画</title>
        <style>
            div {
                width: 100px;
                height: 100px;
                background: #f00;
                position: relative;
                animation-name: myfirst;
                animation-duration: 5s;
                animation-timing-function: linear;
                animation-delay: 2s;
                animation-iteration-count: infinite;
                animation-direction: alternate;
                animation-play-state: running;
            }

            @keyframes myfirst {
                0% {
                    background: red;
                    left: 0px;
                    top: 0px;
                }

                25% {
                    background: yellow;
                    left: 200px;
                    top: 0px;
                }

                50% {
                    background: blue;
                    left: 200px;
                    top: 200px;
                }
```

```
                75% {
                        background: green;
                        left: 0px;
                        top: 200px;
                }

                100% {
                        background: red;
                        left: 0px;
                        top: 0px;
                }
            }
        </style>
    </head>
    <body>
        <div></div>
    </body>
</html>
```

该案例的动画在浏览器中的效果为：一个宽和高都是 100 px 的红色正方形先往右移动，再往下移动，再往左移动，再往上移动，在移动的过程中，正方形的颜色由红色渐变成黄色，再渐变成蓝色，再渐变成绿色，再渐变成红色，移动和颜色变化不停地循环播放。

12.3 任务实现

1. 构建 HTML 结构

具体步骤如下。

(1) 在 Sublime Text 中打开 index.html 文件，创建类名为 content 和 w1200 的 div 元素，把"学习资料""学习光影""学习研讨""学习动态"四个板块放在其中，主体代码如下：

```
<!--内容-->
<div class="content w1200">
...
</div>
```

(2) 将"学习资料""学习光影""学习研讨""学习动态"四个板块的内容放在上面的 div 元素中，主体代码如下：

```
<!--学习资料-->
<div class="xxzl">
    <div class="title">
```

```html
        <span>学习资料</span><a href="xxzl.html">更多>></a>
    </div>
    <ul>
        <li><span>2023-02-07</span><a  href="#">学习贯彻党的二十大精神，总书记这样指导部署
</a></li>
        <li><span>2023-01-04</span><a  href="#">习近平在学习贯彻党的二十大精神研讨班开班式
上发表重要讲话强调  正确理解和大力推进中国式现代化</a></li>
        <li><span>2022-12-15</span><a  href="#">教育部举行全国高校学习宣传党的二十大精神动
员部署会暨师生巡讲团成立仪式</a></li>
        <li><span>2022-12-06</span><a  href="#">习近平同党外人士座谈并共迎新春时强调以更加
奋发有为的精神状态履职尽责  在凝心聚力服务大局上发挥更大作用</a></li>
        <li><span>2022-11-25</span><a  href="#">习近平在视察军委联合作战指挥中心时强调贯彻
落实党的二十大精神  全面加强练兵备战</a></li>
        <li><span>2022-11-17</span><a  href="#">习近平在第五届中国国际进口博览会开幕式上发
表致辞</a></li>
        <li><span>2022-11-15</span><a  href="#">胸怀天下者朋友遍天下——各国政党政要热烈祝
贺习近平当选中共中央总书记和中共二十大成功举行</a></li>
        <li><span>2022-11-10</span><a  href="#">中共中央关于认真学习宣传贯彻党的二十大精神
的决定</a></li>
        <li><span>2022-11-09</span><a  href="#">习近平：新发展阶段贯彻新发展理念必然要求构
建新发展格局</a></li>
    </ul>
</div>
<!--学习光影-->
<div class="xygy">
    <div class="title">
        <span>学习光影</span><a href="xxzl.html">更多>></a>
    </div>
    <ul class="light">
        <li>
            <div class="pic_box">
                <img class="change_img" src="images/img_5.png">
            </div>
            <div class="pic_txt">小马快跑 | 沉浸式 "道中华"</div>
        </li>
        <li>
            <div class="pic_box">
                <img class="change_img" src="images/img_6.png">
            </div>
```

```
                <div class="pic_txt">三件大事的"历史性胜利"</div>
            </li>
            <li>
                <div class="pic_box">
                    <img class="change_img" src="images/img_7.png">
                </div>
                <div class="pic_txt">二十大时光《我眼中的今日中国》马克·力文：唱响我的中国故事</div>
            </li>
            <li>
                <div class="pic_box">
                    <img class="change_img" src="images/img_8.png">
                </div>
                <div class="pic_txt">56个民族同唱一首歌·《领航》主题微视频</div>
            </li>
        </ul>
    </div>
    <!--学习研讨和学习动态-->
    <div class="study">
        <div class="xxyt">
            <div class="title">
                <span>学习研讨</span><a href="xxzl.html">更多>></a>
            </div>
            <ul>
                <li><span>2023-3-15</span><a href="#">我院举办学习宣传贯彻党的二十大精神专题宣讲</a></li>
                <li><span>2023-3-15</span><a href="#">在"三学三进"中展现新担当，在"真学真做"中谱写新作为</a></li>
                <li><span>2023-3-15</span><a href="#">关于学习宣传贯彻党的二十大精神工作情况报告</a></li>
                <li><span>2023-3-15</span><a href="#">学习贯彻党的二十大精神,深入推进科学立法，加快完善中国特色...</a></li>
                <li><span>2023-3-15</span><a href="#">党委理论学习中心组召开2022年第18次集体学习(扩大)会议</a></li>
                <li><span>2023-3-15</span><a href="#">体悟思想伟力 汲取奋进力量——我院开展统战成员学习贯彻党...</a></li>
                <li><span>2023-3-15</span><a href="#">促进人与自然和谐共生(认真学习宣传贯彻党的二十大精神)</a></li>
                <li><span>2023-3-15</span><a href="#">我院深入开展学习党的二十大精神主题党日活动</a></li>
```

```
            <li><span>2022-11-12</span><a href="#">习近平：新发展阶段贯彻建新发展格局</a></li>
        </ul>
    </div>
    <div class="xxdt">
            <div class="title">
            <span>学习动态</span><a href="xxzl.html">更多>></a>
        </div>
        <ul>
            <li><span>2023-3-15</span><a href="#">信息工程学院党总支开展党的二十大精神宣
讲暨入党申请人集体...</a></li>
            <li><span>2023-3-15</span><a href="#">信息工程学院召开第十次团员代表大会、第十
二次学生代表大会</a></li>
            <li><span>2023-3-15</span><a href="#">信息工程学院开展师德师风考核工作</a></li>
            <li><span>2023-3-15</span><a href="#">信息工程学院组织开展"以青春践行二十大，
以奋斗诠释新担当"...</a></li>
            <li><span>2023-3-15</span><a href="#">信息工程学院党总支召开 2022 年度组织生活
会</a></li>
            <li><span>2023-3-15</span><a href="#">信息工程学院党总支开展"法德讲堂"活动
</a></li>
            <li><span>2023-3-15</span><a href="#">信息工程学院开展疫情防控"党员先锋岗"
志愿服务活动</a></li>
            <li><span>2023-3-15</span><a href="#">信息工程学院党总支组织学习党的十九届六
中全会精神</a></li>
            <li><span>2022-11-12</span><a href="#">信息工程学院组织教职工开展政治理论学习
</a></li>
        </ul>
    </div>
</div>
```

(3) 在</body>之前输入尾部板块内容，主体代码如下：

```
<!--版权-->
<footer>
    <p>Copyright&copy;2022-2025</p>
    <p>江西工业工程职业技术学院信息工程学院软件教研室版权所有</p>
</footer>
```

2. 构建 CSS 样式

将样式写在 css.css 文件中，具体步骤如下。

(1) 设置中间内容区的样式。设置内容区各个板块列表中带有超链接的样式，鼠标指针悬停为红色，带有下画线。内容区中几个板块的标题样式一致，设置类名为 title 的样式，

主体代码如下：

```
.content ul li a:hover{
    color:#d30000;;
    text-decoration:underline;
}
.title{
    border-bottom: 1px solid #d6b16b;
    margin-bottom: 23px;
    line-height: 75px;
}
.title>span{
    color: #b90d11;
    font-size: 25px;
    font-weight: bold;
    margin-right: 46px;
    display: inline-block;
    cursor: pointer;
    border-bottom: solid 4px #b90d11;
}
.title a{
    float:right;
}
```

(2) 设置"学习资料"板块的样式，主体代码如下：

```
.xxzl li,.xxyt li,.xxdt li{
    line-height: 30px;
    margin-bottom: 12px;
    background: url(images/icon.png) no-repeat center left;
    padding-left: 16px;

}
.xxzl li span,.xxyt li span,.xxdt li span{
    float:right;
}
```

(3) 设置"学习光影"板块的样式。"学习光影"板块使用了弹性布局，并且给图片设置了动画效果，主体代码如下：

```
/* 学习光影样式 */
.xygy ul{
    display: flex;
    margin:5px;
```

```
        overflow: hidden;
    }
    .xygy li{
        flex:1;
        margin-right: 15px;
        height: 228px;
    }
    .xygy li:last-child{
        margin-right:0;
    }
    .pic_txt{
        height: 35px;
        background: #d30000 url("images/img_9.png") no-repeat center left;
        line-height: 43px;
        color: white;
        padding-left: 40px;
        text-align: center;
    }
    .pic_txt a{
        color: white;
    }
    .pic_box img{
        margin-bottom: 10px;
        width: 100%;
        height: 180px;
        transition: 0.3s;
        cursor: pointer;
        object-fit: cover;
        overflow: hidden;
    }
    .pic_box img:hover{
        transform: scale(1.1);;
    }
```

（4）设置"学习研讨"和"学习动态"板块的样式。从网页显示效果可以看出，两个板块一个在左，一个在右，大小一致。该效果可以使用浮动布局实现，也可以使用弹性布局实现。如果使用浮动布局，需要计算出合适的宽度，设置 width 属性，才能实现。这里使用弹性布局实现，主体代码如下：

```
    .study{
        display: flex;
```

```
    }
    .xxyt,.xxdt{
        flex:1;
        margin-right:20px;
    }
    .xxdt{
        margin-right:0;
    }
```

(5) 设置尾部版权信息的样式，主体代码如下：

```
/* 尾部样式 */
footer{
    padding-top:105px;/*设置上内边距 105px*/
    background: url('images/footbg.jpg') no-repeat center;
    height: 110px;
    text-align: center;
    color:#fdec07;
    line-height:2em;
}
```

保存 index.html 与 css.css 文件相关代码后，首页在浏览器中的显示效果如图 4-47 所示。至此，项目 4 全部完成。

图 4-47　网站首页效果

参 考 文 献

[1] 徐洪亮，陈晓靖，常宽. 网页设计与制作案例教程(HTML5 + CSS3)[M]. 北京：电子工业出版社，2018.

[2] 黄峻峰，钟军，王若贤. 网页设计与制作[M]. 上海：上海交通大学出版社，2022.

[3] 传智播客高教产品研发部. 网页设计与制作(HTML + CSS)[M]. 北京：中国铁道出版社，2014.